Fred Böker

S-PLUS
Learning by Doing

Fred Böker

S-PLUS
Learning by Doing

Eine Anleitung zum Arbeiten mit S-Plus

mit 44 Abbildungen, 73 Tabellen und einer Diskette

 Lucius & Lucius · Stuttgart 1997

Institut für Statistik
und Ökonometrie
Platz der Göttinger Sieben 5

37073 Göttingen

Die Deutsche Bibliothek – CIP-Einheitsaufnahme

S-PLUS : learning by doing ; eine Anleitung zum Arbeiten mit S-PLUS / Fred Böker. -
Stuttgart : Lucius und Lucius, ISBN 3-8282-0049-4
Buch. Mit 73 Tabellen. - 1997. kart. Diskette. 1997

© Lucius & Lucius Verlagsgesellschaft mbH Stuttgart 1997
Gerokstr. 51, D-70184 Stuttgart

Das Werk einschließlich aller seiner Teile ist urheberrechtlich geschützt. Jede Verwertung auserhalb der engen Grenzen des Urheberrechtsgesetzes ist ohne Zustimmung des Verlages unzulässig und strafbar. Das gilt insbesondere für Vervielfältigung, Übersetzungen, Mikroverfilmungen und die Einspeicherung und Verarbeitung in elektronischen Systemen.

Druck und Einband: Druckhaus Thomas Müntzer, Bad Langensalza
Printed in Germany

Vorwort

Diese *Einführung in S-PLUS* ist aus einer „Notsituation" entstanden. Ein Praktikum mit diesem Titel war für das Sommersemester 1995 angekündigt in der festen Annahme, daß bis dahin genügend Rechner für S-PLUS zur Verfügung stünden. Diese Hoffnung hat sich leider zerschlagen. Das Praktikum konnte nur an vier Arbeitsplätzen stattfinden. Wie kann man dann ein Praktikum mit 12-15 Teilnehmenden durchführen? Es entstand die Idee, all das, was die Studierenden in diesem Praktikum tun sollten, und das, was der Autor als Dozent ihnen zur Erläuterung erzählen wollte, in Form eines Skriptes aufzuschreiben. Die Teilnehmenden konnten so, jeder für sich, nach ihrer Zeit und ihrem Tempo mit diesem Skript arbeiten. Vorgesehen war eine Arbeitszeit am Computer von etwa zwei Stunden in der Woche. Einmal in der Woche fand ein Treffen der Teilnehmenden mit dem Dozenten statt. Dabei wurde darüber gesprochen, wie weit die Teilnehmenden gekommen waren, wo es Probleme gab, wo noch etwas erläutert werden sollte.

Ziel dieses Kurses war es, den Umgang mit der Statistik-Programmiersprache S-PLUS zu erlernen, eigene Funktionen zu schreiben, die Benutzung des Hilfesystems und des Handbuchs zu lernen. Ein Schwerpunkt sollte auf den graphischen Möglichkeiten von S-PLUS liegen. Dieses Skript, sollte dabei ein Pfad auf dem Weg zu diesen Zielen zur Selbständigkeit werden, von dem man mit zunehmendem „Lernalter" mehr und mehr abweichen darf, um seine eigenen Wege in S-PLUS zu gehen, vielleicht hin zu einem weiteren begeisterten Benutzer von S-PLUS. Dabei sollte nicht nur das technische Lernen der Programmiersprache S-PLUS im Vordergrund stehen. Nebenbei sollte auch immer etwas Statistik gelernt werden, möglichst auch neuere Methoden, die zur Zeit im Vorlesungsbetrieb noch zu kurz kommen. So findet ein ständiger Wechsel im Lernen von S-PLUS und Statistik statt und damit ein gleichzeitiges Lernen von S-PLUS und Statistik. Die Teilnehmenden an diesem Kurs hatten fast alle nur Kenntnisse aus dem Grundstudium.

Das oben angesprochene Skript ist der wesentliche Teil dieses Buches, ein 'hands-on-tutorial'. Es wurde um einige Anhänge und sogenannte S-PLUS-Boxen, in denen vertiefte Kenntnisse über S-PLUS vermittelt werden sollen, erweitert, die jedoch nicht als Ersatz für das Handbuch und das Hilfesystem zu verstehen sind, sondern mehr als Erinnerungsstütze für früher Gelerntes. Einige statistische Begriffe, die in den Ausgaben erscheinen oder im Text nur kurz erläutert werden, findet man auch im Anhang. Es gibt keine Kapitel in diesem Buch. Am besten setzt man sich einfach an den Rechner und fängt an.

Danken möchte ich zuallerst meinen Studentinnen und Studenten, die mir durch Ihre Fragen wertvolle Hinweise und konkrete Verbesserungsvorschläge gegeben haben. Frau Ulrike Ohlmer und Herr Olaf Dannenberg haben zahlreiche Vorabversionen gelesen und mir in meinen eigenen S-PLUS-Anfängen viele Fragen beantwortet, wofür ich herzlich danke. Frau Ingrid Biedekarken hat, wie schon bei meinen früheren Büchern, in gewohnt sorgfältiger Weise Korrektur gelesen und viele Schreib-, Kommafehler und stilistische Unschönheiten gefunden. Alle verbliebenen Fehler und Unschönheiten gehen natürlich zu meinen Lasten. Herr Reinhard Sy von der Firma GraS hat eine Vorabversion gelesen, die mitgelieferten Dateien getestet und mir wertvolle Hinweise gegeben. Herr Wendelin Reich hat mir die letzten LaTeX - Feinheiten vermittelt. Allen sei herzlich gedankt.

Fred Böker   Göttingen, 14. Juli 1997

Inhaltsverzeichnis

Was ist S-PLUS?   1

Was will dieses Buch?   6

Tutorial   7
    Kopieren der mitgelieferten Datendateien 7
    Starten von S-PLUS 7
    Das Commandsfenster von S-PLUS 7
    Das Arbeitsverzeichnis 8
    Kopieren der mitgelieferten S-PLUS-Objekte 8
    Beenden von S-PLUS 9
    Einlesen eines Datenvektors 9
    Hilfe 11
    Erste Statistiken 15
    Graphikfenster 16
    Daten von Diskette einlesen 17
    Histogramme 18
        Genereller Aufbau einer Hilfefunktion am Beispiel `hist` 18
        Angabe von Argumenten zu Funktionen 21
        Histogramme, Fortsetzung 22
        Plot einer Dichtefunktion über das Histogramm der Daten 24
    Funktionen 27
        Schreiben einer Funktion 29
        Aufruf der ersten eigenen Funktion 30
        Ausgabe einer Graphik auf Drucker 31
        Achsenbeschriftung und Titel 34
    Hypothesentest über den Mittelwert einer Normalverteilung 36
        Textausgabe einer Analyse über den Drucker 36
        Erläuterung der Ausgabe beim t-Test 36
        Bedeutung des P-Wertes 36
        Plot der Dichte- und Verteilungsfunktion der t-Verteilung 38
    Vektoren, Rechenoperationen, Teilmengen 41
    Plot einer empirischen Verteilungsfunktion 43
    Zufallszahlen, Vergleich von Verteilungsfunktion und empirischer Verteilungsfunktion 46

S-PLUS-Objekte; Namen, Auflisten, Löschen	47
Nichtparametrische Dichteschätzung	48
Quantil-Quantil-Plots, Normalverteilungsplots	49
Multiple Plot Layout	51
QQ-Plots für andere Verteilungen	51
Funktionen; Argumente auflisten, Definitionen	52
Normalverteilungsplot nach Box-Cox Transformation	53
Text an variablem Ort in einer Graphik	53
Anpassungstests	55
Beispiel einer Liste	57
Ein Bootstrap-χ^2-Test	58
for-Schleifen	59
Durch Text ergänzte Ausgabe der Ergebnisse, der Befehl `cat`	61
Stichproben mit und ohne Zurücklegen, der Befehl `sample`	62
Matrizen	62
Bootstrapanwendungen	64
Boxplots	66
Bootstrap zur Schätzung des Standardfehlers eines geschätzten Korrelationskoeffizienten	67
Einlesen einer Datenmatrix, Zeilen- und Spaltennamen	68
Beispiel: ERNBSP	70
Einlesen der Datenmatrix	70
Identifizierung von Punkten im Plot	71
Data Frames	71
Einfache lineare Regression	73
Polynomiale Regression	77
Einlesen eines multivariaten Datensatzes als Data Frame, Scatterplotmatrix	77
Die Befehle `brush` und `spin`, interaktive Graphiken	79
Korrelationsmatrix, multiple Regression	80
Beispiel: Wahlen zum US-Senat; Einlesen der Daten, Plots, Identifizierung	82
Plotsymbol nach Gruppenzugehörigkeit	82
Häufigkeitstabellen	84
Typ von S-PLUS-Objekten	86
Binomialtest	87

Ende 88

Literatur **89**

Anhang **91**

    A1: Der Objektmanager in S-PLUS-Version 3.3 91

    A2: Benutzte S-PLUS-Funktionen 91

    A3: Benutzte Graphikparameter 102

    A4: Benutzerdefinierte S-PLUS-Funktionen 104

    A5: Sonstiges Nützliches 106

    A6: Datendateien 107

    A7: Statistische Begriffe in S-PLUS-Ausgaben 108

    A8: Kurzdefinition statistischer Begriffe 109

    A9: Sammlung von S-PLUS-Funktionen und S-News 112

    A10: Daten, Korrekturen 112

Index **115**

Verzeichnis der S-PLUS-Boxen

Funktionen, Daten, Objekte	11
Namen für Objekte	11
Objekttypen, Vektoren	11
Namenszuweisung	12
Einlesen von Daten: `scan`	12
Objekte auflisten, entfernen, Hilfe	15
Graphiken, Graphik-Devices	17
Einlesen aus Textdatei: `scan`	18
Funktionsaufruf, Argumente	22
Histogramme: `hist`	23
Graphische Parameter: `par`	25
`plot`: Eine generische Funktion	25
Implementierte Verteilungen	25
Linien zeichnen: `lines`	27
Benutzerdefinierte Funktionen	31
Editor: `fix`	31
Graphische Parameter: `par`	31
Graphik-Devices: `win.printer`, `postscript`	33
Kopieren in Graphik-Devices	33
Achsenbeschriftung, Titel	35
Der t-Test, Objektklasse `htest`	36
Listen	37
Geraden zeichnen: `abline`	40
Text in Graphik: `text`	40
Fläche schraffieren: `polygon`	40
Verkettung: Die Funktion c	42
Zahlenfolgen: `seq`	42
Zugriff auf Objektteile: `[ ]`	42
Sortieren: `sort`	43
Punkt- und Linientypen: `type`	45
Länge eines Objekts: `length`	45
Objekte teilweise auflisten: `objects`, `pattern`	48
Dichteschätzung: `density`	49
Normalverteilungsplot: `qqnorm`	50

Verzeichnis der S-PLUS-Boxen

Multiple Plot Layout: `mfrow, mfcol` 52

Quantil-Quantil-Plots: `qqplot` 53

Vergleichsoperatoren 54

Bedingungen: `if` und `if ... else` 54

Koordinaten bestimmen: `locator` 54

Kolmogorov-Smirnov-Test: `ks.gof` 56

χ^2-Anpassungstest: `chisq.gof` 57

Zugriff auf Listenelemente 58

Namenszuweisung: `names` 59

Iterationen: `for, while, repeat` 60

Vektordefinition: `vector` 61

Rang: `rank` 61

Textausgaben: `cat` 62

Ziehen mit und ohne Zurücklegen: `sample` 63

Matrizen: `matrix` 64

Funktion zeilen- oder spaltenweise anwenden: `apply` 65

Boxplots: `boxplot` 67

Spalten- und Zeilennamen: `dimnames` 68

Korrelationsmatrix: `cor` 69

Einlesen von Daten: `scan, sep` 70

Identifizierung: `identify` 72

Data Frame: `data.frame` 72

Suchliste: `attach` 73

Legende: `legend` 74

Multivariate lineare Regression: `lsfit` 74

Lineares Regressionsmodell: `lm` 75

Formulas: `formula` 75

Tabellen einlesen: `read.table` 78

Scatterplotmatrix: `pairs` 80

Scatterplotglättung: `lowess` 80

Als Matrix: `as.matrix` 81

Anzahl der ausgegebenen Stellen: `digits` 81

Zeilennamen: `row.names` 82

Kontingenztafeln: `table` 85

Faktoren 85

Faktoren definieren: `factor` 86
Daten gruppieren: `cut` 86
Abfrage des Objekttyps: `is.` 87
Binomialtest: `binom.test` 87

Was ist S-PLUS?

S-PLUS ist ein graphisches Datenanalysesystem und eine objektorientierte Programmiersprache, die von AT&T's Bell Labs und Statistical Sciences entwickelt wurde. Vorgänger von S-PLUS war S, das in *'The New S Language'* von Becker, Chambers und Wilks (1988) beschrieben wird.

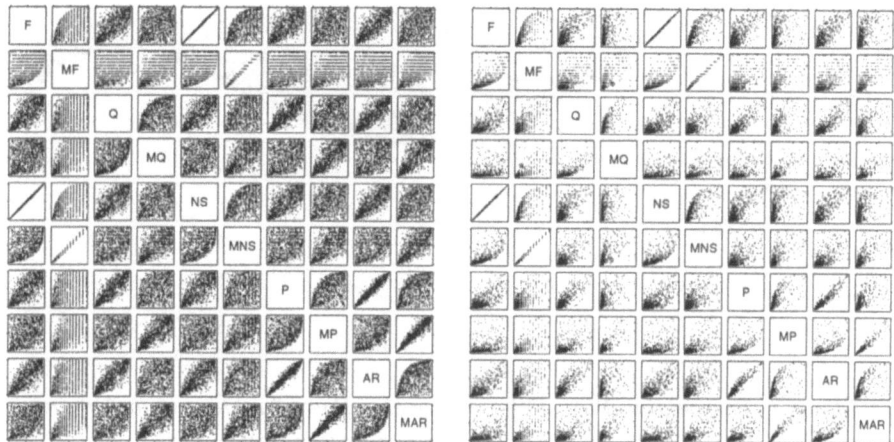

Abbildung 1: Scatterplotmatrizen: Dargestellt sind die P-Werte für 10 verschiedene Prüfgrößen, die für je 1000 Stichproben unter der Hypothese und der Alternative simuliert wurden (siehe Böker und Dannenberg (1996)).

Es bietet eine Vielzahl der klassischen und modernen graphischen Methoden der explorativen Datenanalyse: u. a. **Scatterplots, Balkendiagramme, Histogramme, Dichteplots, stem- and leaf-plots, Quantil-Quantil-Plots, Boxplots, Scatterplot-Matrizen** (siehe Abbildung 1), **Zeitreihenplots, 3D-Perspektive-Plots** (siehe Abbildung 2), **Image-Plots** (siehe Abbildung 3), **Contour-Plots** (siehe Abbildung 4), **interaktive Graphiken** mit den **'brush'** und **'spin'**-Techniken. Neu in der Version 3.3 sind die **Trellis-Graphiken**. **Graphische Verfahren**

Bei allen Graphiken hat der Benutzer eine Vielzahl von Möglichkeiten auf die Gestalt der Graphiken Einfluß zu nehmen und selbst neue Graphiken zu erzeugen. Die Werkzeuge dazu werden von S-PLUS in Form von über 2000 eingebauten Funktionen und einer Vielzahl von weiteren Funktionen in eingebauten Bibliotheken zur Verfügung gestellt.

Darüberhinaus werden S-PLUS-Funktionen von Benutzergruppen über das Internet kostenlos angeboten, bzw. in Büchern und Zeitschriften veröffentlicht, so daß man die Sätze aus der Einleitung im *'User's Manual'* voll unterstützen kann: *In the years since its first release, S-PLUS has become a standard in statistics and biostatistics departments throughout the world. S-PLUS users call S-PLUS "a new standard for interactive data analysis" to which other programs must be compared and declare "S-PLUS" promotes a new philosophy of data analysis.*

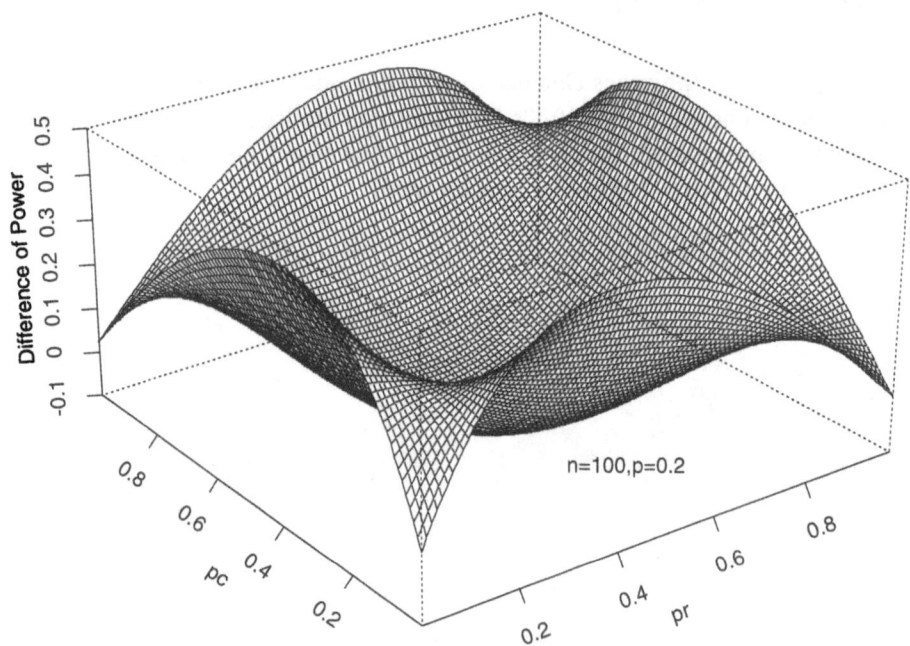

Abbildung 2: Perspektive-Plot: Differenz zweier Powerfunktionen in Abhängigkeit von zwei Parametern bei festem Wert eines dritten Parameters

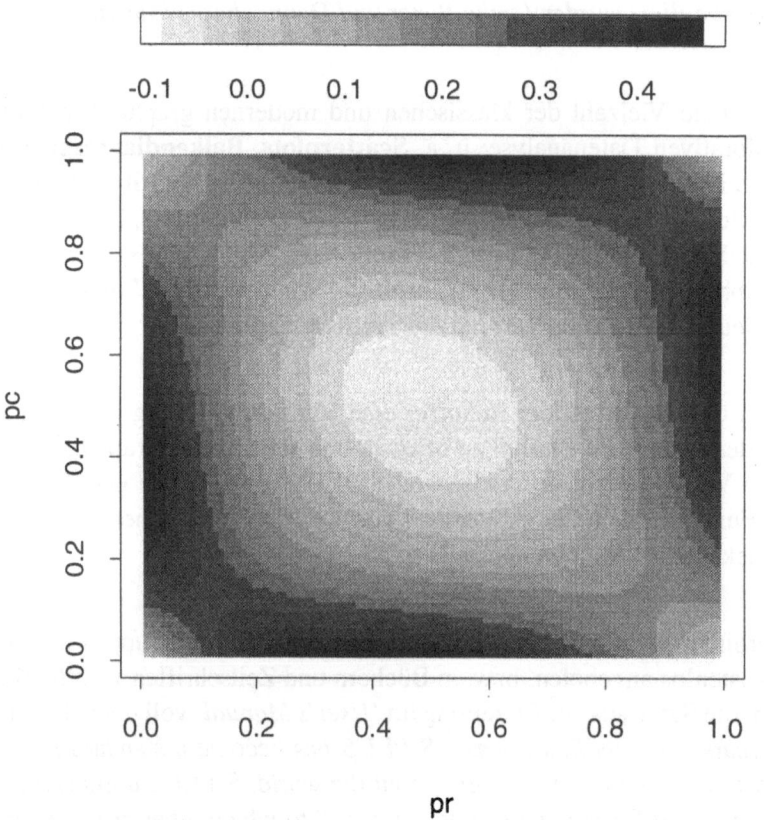

Abbildung 3: Image-Plot: Differenz zweier Powerfunktionen

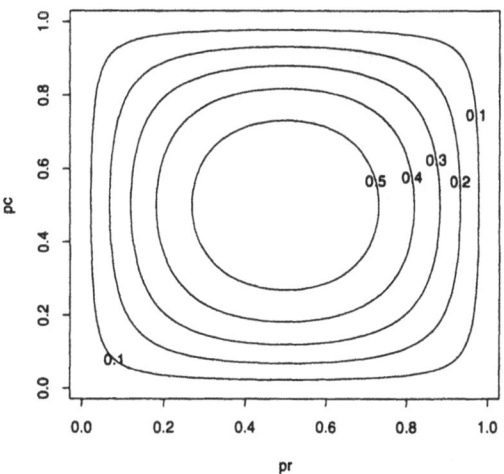

Abbildung 4: Contour-Plot einer Powerfunktion in Abhängigkeit von zwei Parametern bei festem Wert eines dritten Parameters

Zu den statistischen Verfahren in S-PLUS gehören u.a. (siehe 'table 0.1' im 'User's Manual') **Statistische Verfahren**

Hypothesentests

t-Test für eine und zwei Stichproben, gepaarte Beobachtungen, Welch's Test für zwei Stichproben

Korrelationstests Pearson, Spearman's ρ, Kendall's τ

Wilcoxon Tests für eine und zwei Stichproben und gepaarte Beobachtungen

Kruskal-Wallis Test

Friedman Test

Tests für Anteile exakt und χ^2-Approximationen

Kontingenztafeltests Fisher's exakter Test und χ^2-Approximation

Mantel-Haenszel Test

McNemar Test

Anpassungstests χ^2 und Kolmogorov-Smirnov

Varianzanalyse feste und zufällige Effekte

Versuchsplanung faktorielle und fraktioniert faktorielle Pläne

Multiple Regression kleinste Quadrate, kleinste absolute Residuale, M-Schätzer, getrimmte kleinste Quadrate Residuale, schrittweise Regression, alle möglichen Teilmengen

Scatterplot Smoother

Explorative Regression

Verallgemeinerte lineare Modelle u.a. logistische Regression und log-lineare Modelle

Verallgemeinerte additive Modelle

Loess-Regressionsmodelle Lokale Anpassung von Regressionsmodellen

Baumstrukturierte Modelle

Nichtlineare kleinste Quadrate Regression

Lineare Diskriminanzanalyse

Clusteranalyse

Hauptkomponentenanalyse

Kanonische Korrelation

Multidimensionale Skalierung

Überlebenszeitanalyse Kaplan-Meier Schätzer, Cox-Modelle, parametrische Regression

Zeitreihen AR- und robuste AR-Modelle, ARIMA-Modelle, Spektralanalyse

Dichteschätzung Kernschätzer

Verteilungen Interessant bei diesen statistischen Verfahren wie auch bei den Graphiken ist, daß man nicht an feste Modelle und vorgegebene Ausgaben gebunden ist. Man kann immer seine eigenen Modelle aufstellen, neue Funktionen schreiben, dabei die vorhandenen Funktionen benutzen, auf Teilergebnisse dieser Funktionen zurückgreifen und diese weiterverarbeiten. Die gängigen statistischen Verteilungen (Normal, χ^2, t, F, Exponential, Gamma, Weibull, Beta, Cauchy, Rechteck, Logistisch, Lognormal, Binomial, Geometrisch, Negativ Binomial, Hypergeometrisch, Poisson) sind implementiert und können berechnet und simuliert werden.

PC-Ausstattung Die Mindestvoraussetzungen für S-PLUS für Windows sind:

- 386er PC mit Coprozessor oder höher
- 12 - 24 MB RAM
- 30-40MB freier Speicherplatz auf der Festplatte
- MS-DOS 5.0 oder höher
- Microsoft-Windows 3.1, Windows für Workgroups 3.11, Windows 95 und Windows NT

Als Ergänzung zu S-PLUS gibt es die folgenden Module:

S⁺SPATIALSTATS ADVANCED SPATIAL DATA ANALYSIS

S+GISLINK ADVANCED STATISTICAL ANALYSIS OF GIS DATA (nur für Unix)

S+WAVELETS ADVANCED SIGNAL AND IMAGE ANALYSIS

S+DOX^{TM} EXPERIMENTAL DESIGN SOFTWARE

S+GARCH OBJECT ORIENTED TOOLKIT FOR FINANCIAL DATA ANALYSTS

Was will dieses Buch?

Dieses Buch will seinem Titel entsprechend eine Anleitung zum Arbeiten mit S-PLUS geben. Dabei soll der Leser stets etwas tun. Er soll S-PLUS lernen, indem er S-PLUS ausprobiert. Bei der Fülle der Möglichkeiten, die S-PLUS an graphischen Darstellungen und an statistischen Verfahren bietet, kann diese Anleitung keinen kompletten Überblick über S-PLUS bieten. Dieses Buch will den Anfangenden einen Einstieg in S-PLUS bieten, indem es den Umgang mit dem Hilfesystem übt, mit den verschiedenen Typen von S-PLUS-Objekten bekannt macht, das Schreiben von eigenen Funktionen unter Benutzung der eingebauten Funktionen an einigen der statistischen und graphischen Verfahren übt. Dabei ist die Auswahl der Verfahren mehr oder weniger willkürlich, erfüllt jedoch fast immer einen doppelten Zweck. Die Lernenden sollen an den gewählten Verfahren stets S-PLUS lernen, wobei das statistische Verfahren schon bekannt oder einfach zu verstehen ist. Das Spektrum der Vorkenntnisse der Nutzer (Leser wäre ein schlechtes Wort, da dieses Buch nicht nur gelesen werden soll) dieses Buches wird sicherlich sehr breit sein. Daher wird versucht, für manche Nutzer vielleicht unbekannte oder schwierigere Verfahren entweder direkt im Text auf anschauliche Weise oder in knapper Form im Anhang darzustellen. Dies schließt jedoch gelegentliches Nachschlagen in einschlägigen vertrauten Lehrbüchern nicht aus, denn dieses Buch will kein Statistik-Lehrbuch sein. Gelegentlich wird auch absichtlich ein etwas komplizierteres Verfahren gewählt, um Statistikanfängern z.B. zu zeigen, daß man außer Geraden auch andere Kurven durch eine Punktwolke legen kann.

Wie dem vorigen Absatz zu entnehmen ist, liegt der Schwerpunkt darauf, das eigene Schreiben von S-PLUS-Funktionen zu lernen, d.h. mit S-PLUS zu programmieren. Deshalb wird auch nicht auf die in Kürze erscheinende Version 4.0 eingegangen. Wer eigene Funktionen schreiben will, kommt um das hier Dargestellte nicht herum, und der erfahrene Windowsbenutzer wird schnell einige Vorzüge der neuen Version für schon vorhandene Funktionen entdecken.

Es kommt nicht darauf an, alle in diesem Buch auftauchenden Befehle zu behalten. Manche werden sich ohnehin einprägen, weil man sie immer wieder braucht. Das Ziel des Kurses ist es, einige Grundlagen zu beherrschen, vor allem aber sich in dem vielleicht zu Beginn als Labyrinth anmutenden Hilfesystem zurechtzufinden, zu wissen, wie man etwas findet, beginnend mit einfachen statistischen Analysen, später auch kompliziertere Analysen mit S-PLUS durchzuführen. Nachträglich eingefügt in das Tutorial wurden die S-PLUS-Boxen, in denen die erworbenen Kenntnisse in S-PLUS zusammengefaßt und erweitert werden. Diese sollten am besten beim ersten Lesen zugedeckt werden. Sie sind zur Wiederholung und zur Vertiefung der Kenntnisse für besonders Interessierte gedacht. Das Lesen dieser S-PLUS-Boxen wird im übrigen Text nicht vorausgesetzt. Es kommt auch nicht darauf an, dieses Buch unbedingt bis zum Ende durchzuarbeiten. Wer schon früher so viel S-PLUS gelernt hat, daß sie/er sich allein zurechtfindet, mag dieses Buch getrost zur Seite legen. Das wäre sogar schön. Und noch schöner wäre es, wenn sie/er dieses Buch gelegentlich als Nachschlagewerk wieder in die Hand nehmen würde.

Und nun geht es endlich los!

Tutorial

In dem diesem Buch zugrundeliegenden Kurs wurde S-PLUS unter MS-Windows benutzt. Jedoch läßt sich dieser Kurs genauso unter Unix durchführen.

Kopieren der mitgelieferten Datendateien:

Es ist zu empfehlen, vor dem Start von S-PLUS zunächst die mitgelieferten Datendateien mit der Endung *.DAT* auf ein Verzeichnis Ihrer Wahl (jedoch kein S-PLUS-Datenverzeichnis) auf Ihrer Festplatte zu kopieren. In diesem Buch steht für dieses Verzeichnis immer das von uns im Kurs benutzte Verzeichnis

$$H:\backslash Kurse\backslash SPLUS\backslash SS95$$

Sie müssen diesen Pfad dann entsprechend der Wahl Ihres Verzeichnisses ändern.

Starten von S-PLUS:

Nach dem Aufruf von *WIN* wird S-PLUS durch einen Doppelklick mit der Maus auf das S-PLUS-Symbol im Windows-Programm-Manager **gestartet**. Sie gelangen in das *Commands*-Fenster von S-PLUS, in dem Sie eine Meldung wie in Abbildung 5 sehen werden.

Das Commandsfenster von S-PLUS:

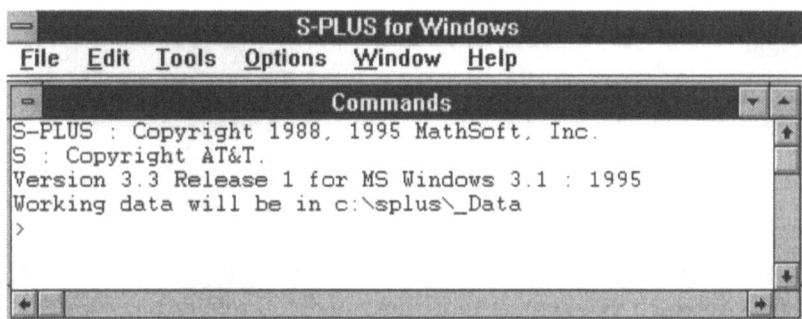

Abbildung 5: Das Commandsfenster von S-PLUS

Nach dem Erscheinen des Promptzeichens (>) können hier sämtliche S-PLUS-Befehle eingegeben werden. Dabei ist die Eingabetaste zu betätigen. Gelegentlich wird es Ihnen passieren, daß statt der Ausführung des Befehls in der folgenden Zeile der Fortsetzungsprompt (+) erscheint. S-PLUS hat erkannt, daß Ihr Befehl noch unvollständig ist. Oft fehlt dann eine schließende Klammer. Sie können diese Möglichkeit auch nutzen, um längere Befehle über zwei Zeilen einzugeben. **Prompt**

Gelegentlich werden wir von der Kommandozeile, der Zeile mit den Einträgen *File*, *Edit*, *Tools*, *Options*, *Window* und *Help*, von S-PLUS Gebrauch machen, die in der von Windows bekannten Weise mit der Maus angeklickt werden können (bzw. mit der Taste '*Alt*' und gleichzeitig eine der unterstrichenen Buchstaben- **Kommandozeile** tasten). Die sich dann öffnenden Menüs werden bei Bedarf besprochen. Bitte beachten Sie, daß es den Eintrag *'Tools'* erst ab S-PLUS-Version 3.3 gibt.

Das Arbeitsverzeichnis:

Sie sehen aus Abbildung 5, daß S-PLUS die Arbeitsdaten, d.h. die von Ihnen erzeugten Objekte, wie Daten und Funktionen, in dem S-PLUS-Datenverzeichnis `c:\splus\_Data` speichert (ist abhängig von Ihrer Installation).

Da sich mit der Zeit immer mehr Dateien in Ihrem Arbeitsverzeichnis ansammeln werden, sei schon jetzt empfohlen, in einem fortgeschrittenen Stadium, wenn Sie vielleicht auch mit S-PLUS an mehreren Projekten arbeiten, sich verschiedene Arbeitsverzeichnisse anzulegen, eventuell sogar getrennt nach Daten und Funktionen. Diese Verzeichnisse sind zunächst unter „ DOS" einzurichten und dann mit dem Befehl `attach` (siehe S.72) in die Suchliste aufzunehmen. Benutzen Sie Ihren Rechner nicht allein, so schreiben alle S-PLUS-Benutzer, sofern sie sich keine eigenen Arbeitsverzeichnisse einrichten, in das gleiche Arbeitsverzeichnis. Dabei kann es dann leicht passieren, daß Ihre mühsam erstellten Dateien oder Funktionen überschrieben werden, ohne daß S-PLUS Sie davor warnt. In diesem Fall sollten Sie Ihre Dateien oder Funktionen mit dem Befehl `data.dump` auf eine Diskette als ASCII-File sichern. Wollen Sie z.B. die Dateien `dat1`, `dat2` und die Funktionen `fun1`, `fun2` sichern, verwenden Sie den Befehl

data.dump

```
data.dump(c("dat1","dat2","fun1","fun2"),"A:\\Ausfile").
```

Mit dem Befehl

```
data.restore("A:\\Ausfile")
```

data.restore

können Sie sich dann Ihre Dateien in einer späteren Sitzung wieder in Ihr Arbeitsverzeichnis kopieren. Sie können Ihre Files auf diese Weise auch auf einen anderen Rechner übertragen.

Kopieren der mitgelieferten S-PLUS-Objekte:

Mit dem Befehl (siehe Abbildung 6)

```
data.restore("A:\\Einf.dmp")
```

wollen wir zunächst alle für diese Einführung mitgelieferten S-PLUS-Objekte, die in der Datei *Einf.dmp* zusammengefaßt sind, in das lokale S-PLUS-Datenverzeichnis kopieren. Dazu muß die mitgelieferte Diskette in Laufwerk A eingelegt werden. Unter Unix wirkt dieser Befehl genauso.

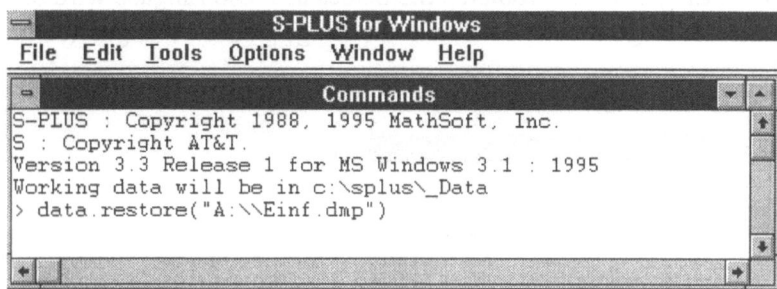

Abbildung 6: Eingabe des Befehls zum Kopieren der mitgelieferten S-PLUS-Objekte

Beenden von S-PLUS:

Durch Eingabe von

$$q()$$

wird S-PLUS **beendet**. S-PLUS kann auch durch einen Doppelklick mit der Maus auf die linke obere Ecke des S-PLUS-Fensters oder durch einen einfachen Klick auf *'File'* in der Kommandoleiste des S-PLUS-Fensters und dann *'Exit'* beendet werden (siehe Abbildung 7).

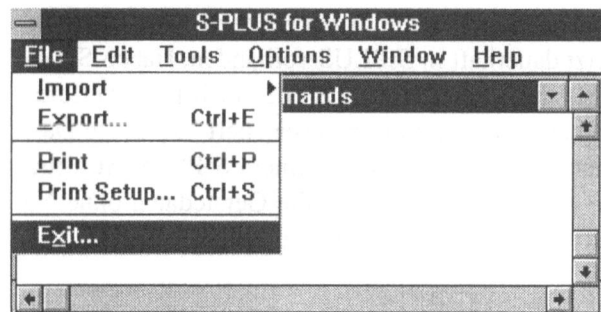

Abbildung 7: Beenden von S-PLUS über die Kommandozeile

Einlesen eines Datenvektors:

Die folgenden Daten (Gersteerträge (in g) in kleinen Parzellen) sollen über die Tastatur eingelesen werden:

185, 162, 136, 157, 141, 130, 129, 176, 171, 190, 157, 147, 176, 126, 175, 134

Dazu dient der Befehl:

$$scan()$$

Anschließend ist die Eingabetaste zu betätigen, und es erscheint 1 : . Jetzt können die Daten eingegeben werden. Entweder betätigen Sie nach jeder Eingabe die

Leertaste oder die Eingabetaste. Probieren Sie beides aus. Die Eingabe wird beendet, indem Sie am Beginn einer Leerzeile die Eingabetaste betätigen (siehe Abbildung 8).

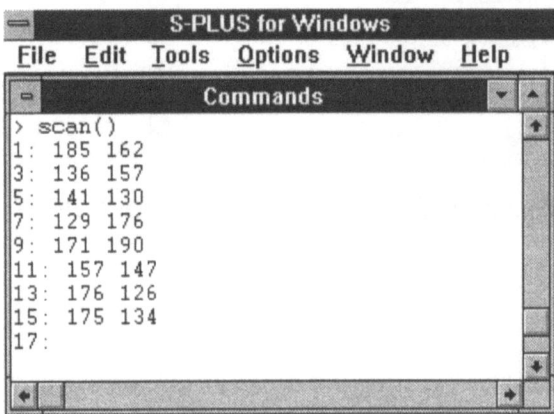

Abbildung 8: Eingelesene Daten (es wurden Leertaste und Eingabetaste im Wechsel betätigt)

Damit Sie die eingelesenen Daten auf Dauer als *S-PLUS-Objekt* zur Verfügung haben, sollten Sie ihnen vor Beginn des Einlesens durch z.B.

$$\texttt{gerste<-scan()}$$

Namen einen **Namen zuweisen** und dann wie oben die Daten einlesen. Die Daten mit dem Namen `gerste` sind jetzt dauerhaft in S-PLUS vorhanden. Haben Sie die Zuweisung des Namens vergessen, so sind die Daten dennoch nicht verloren, da S-PLUS sie unter dem Namen `.Last.value` gespeichert hat. Diese Datei wird jedoch immer wieder neu überschrieben, wenn einem S-PLUS Ausdruck kein Name zugewiesen wird. Haben Sie z.B. zuletzt die Gerstedaten ohne Namenszuweisung eingelesen, so können Sie diese mit dem Befehl

$$\texttt{gerste<-.Last.value}$$

dauerhaft unter dem Namen `gerste` speichern.

Mit dem Befehl

auflisten
$$\texttt{gerste}$$

werden Ihnen die Daten angezeigt (ab S-PLUS-Version 3.3 siehe auch Anhang A1). Geben Sie `Gerste` statt `gerste` ein, so werden Sie eine Fehlermeldung

Groß- und Kleinschreibung erhalten, da S-PLUS zwischen Groß- und Kleinschreibung unterscheidet. Mit dem Befehl

$$\texttt{objects(),}$$

Objekte anzeigen der alle S-PLUS-Objekte anzeigt (ab S-PLUS-Version 3.3 siehe auch Anhang A1), können Sie sich überzeugen, daß `gerste` zu Ihren S-PLUS-Objekten gehört. Haben Sie einen Datensatz falsch eingelesen, z.B. als dritte Zahl 146 statt 136, so kann dies mit

Hilfe

                    gerste[3]<-136   **korrigieren**

korrigiert werden (ab S-PLUS-Version 3.3 siehe auch Anhang A1).

Das S-PLUS-Objekt gerste kann mit dem Befehl

                    rm(gerste)   **löschen**

wieder **gelöscht** werden. (Wenn Sie gerste tatsächlich löschen, sollten Sie es auch wieder einlesen, da wir die Daten noch weiter benutzen wollen.)

| **S-PLUS** | **Funktionen, Daten, Objekte** | **S-PLUS** |

S-PLUS arbeitet mit Funktionen und Daten, beides sind S-PLUS-Objekte. Funktionen sind eine Ansammlung von Befehlen, die S-PLUS sagen, was mit den Daten gemacht werden soll.

Beispiele von Funktionen sind data.dump, data.restore, q, scan, help, objects, rm. *Dagegen ist* gerste *eine Datendatei.*

| **S-PLUS** | **Namen für Objekte** | **S-PLUS** |

S-PLUS-Objekte haben Namen, wobei die folgenden Regeln zu beachten sind: Namen bestehen aus beliebig vielen Zeichen. Dabei sind Buchstaben, Ziffern und der Punkt „." erlaubt. Das erste Zeichen darf keine Ziffer sein. Beginnt ein Name mit dem Punkt, so muß wenigstens ein Buchstabe folgen, da der Name sonst als Zahl interpretiert wird. S-PLUS unterscheidet zwischen Groß- und Kleinschreibung.

| **S-PLUS** | **Objekttypen, Vektoren** | **S-PLUS** |

Es gibt verschiedene Objekte, die Daten enthalten. So ist gerste *ein Vektor. Einzelne Elemente eines Vektors werden mit eckigen Klammern hinter dem Namen angesprochen, z.B. ist* gerste[3] *das dritte Element des Vektors* gerste. *Die verschiedenen Objekttypen werden sehr schön im Handbuch 'USER'S Manual' (Chapter 10) beschrieben. In der Hilfe erfährt man weniger, was die einzelnen Objekte sind, sondern mehr, wie man sie erzeugt oder wie man den Typ erkennen kann.*

Hilfe:

Um nähere Einzelheiten z.B. zu dem S-PLUS-Befehl objects zu erhalten, geben Sie

```
                    ?objects oder help(objects)
```

Lösungen ein und landen damit im **Hilfesystem** von S-PLUS. Finden Sie heraus, wie man sich alle Objekte auflisten kann, die mit dem Buchstaben **g** beginnen. (Die Lösung steht unter *L1* in einem S-PLUS-Objekt, das L heißt und mit diesem Buchstaben aufgerufen werden kann. Sind Sie nur an der Lösung *L1* interessiert, so geben Sie bitte L[1] ein.)

| S-PLUS | **Namenszuweisung** | S-PLUS |

Mit dem Zeichen „ < − " werden Namen zugewiesen, d.h. der Name wird mit Werten verbunden, die dann dauerhaft gespeichert werden. Statt „ < − " kann auch „_", d.h. der Unterstrich verwendet werden. Es ist auch die umgekehrte Zuweisung „ − >" möglich, wobei der Wert links und der Name rechts stehen muß.

| S-PLUS | **Einlesen von Daten:** scan | S-PLUS |

Daten können mit der Funktion scan *eingelesen werden, wobei nach der Eingabe von* scan, *wie bei dem Aufruf jeder Funktion, mindestens noch die runden Klammern folgen müssen. Bleiben die runden Klammern leer, wie in dem Beispiel mit* scan() *werden die Voreinstellungen von S-PLUS verwendet, d.h. in diesem Fall sind die Daten über die Tastatur einzulesen. Weitere Einzelheiten allgemein zum Aufruf von Funktionen und speziell zum Einlesen von Daten folgen an späterer Stelle (S. 17), 18, 30.*

Sie können auch über die Kommandoleiste in das Hilfesystem gelangen (siehe Abbildung 9).

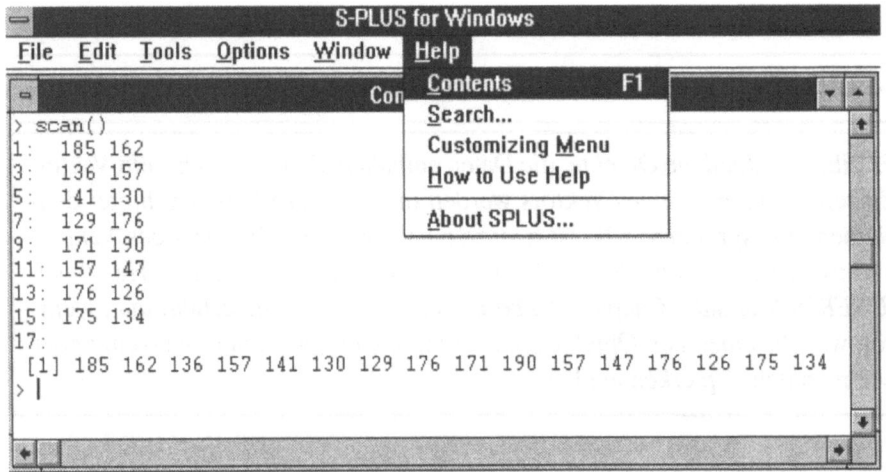

Abbildung 9: Aufruf der Hilfe über die Kommandozeile

Contents Probieren Sie '*Contents*' und '*Search*' aus. Haben Sie '*Contents*' gewählt, gelangen Sie in das Inhaltsverzeichnis (siehe Abbildung 10).

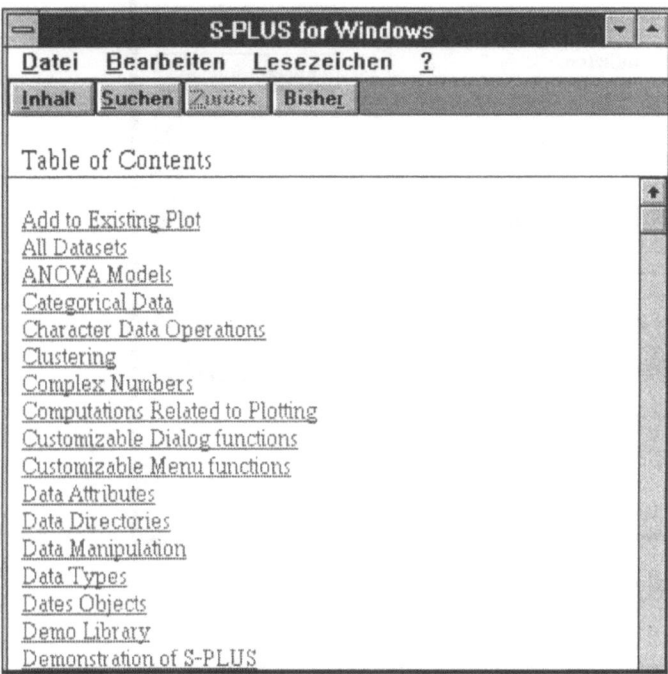

Abbildung 10: Das Inhaltsverzeichnis im Hilfesystem

Auf dem Bildschirm sehen Sie eine kleine Hand, die Sie durch Bewegungen der Maus auf den Sie interessierenden Punkt des Inhaltsverzeichnisses führen können. Mit einem Klick auf die linke Maustaste können Sie diesen Punkt anwählen und gelangen dann meistens in ein weiteres Unterverzeichnis, von dem aus Sie dann auf die gleiche Weise weitergehen können.

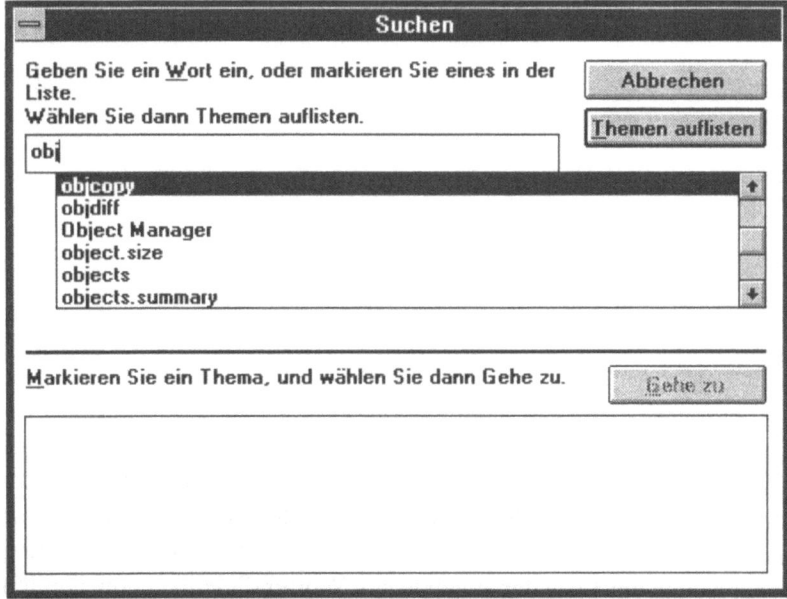

Abbildung 11: Die Oberfläche im Hilfessytem bei 'Search'

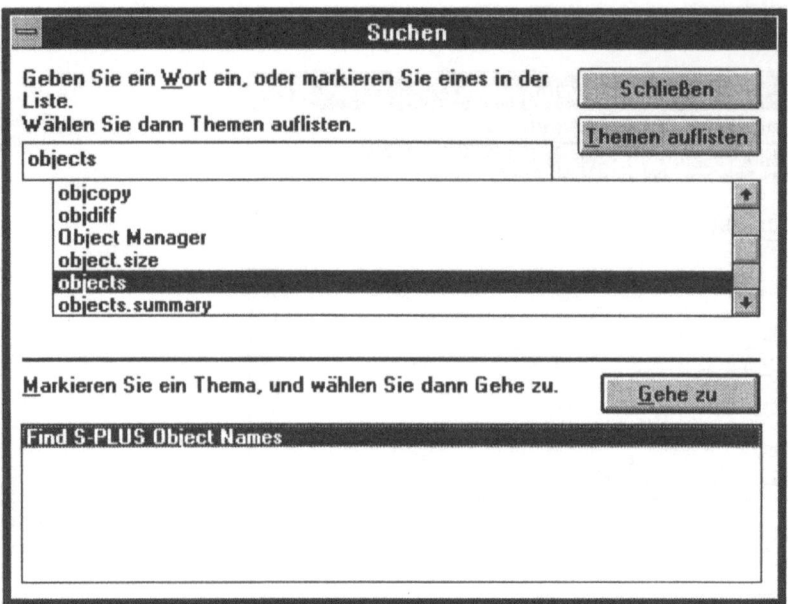

Abbildung 12: Auswahl eines Suchwortes

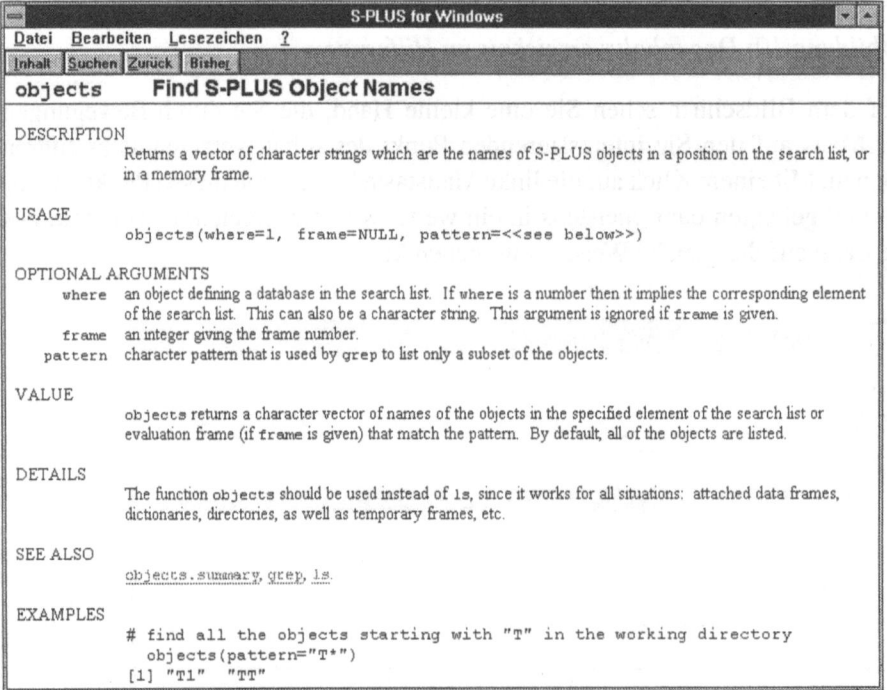

Abbildung 13: Hilfe für objects

Search   Suchen Sie gezielt Hilfe, so sollten Sie über *'Search'* gehen und gelangen dann in die in Abbildung 11 gezeigte Oberfläche. Dort ist das Suchwort einzugeben oder aus der angebotenen Liste von Wörtern auszuwählen. Wie Sie in Abbildung 11 sehen, erscheinen in der Liste der angebotenen Wörter diejenigen, die ähnlich wie das Suchwort beginnen. Das ist sehr hilfreich, wenn man nicht den genau-

Erste Statistiken

en Namen des gesuchten Begriffs weiß (d.h. wie es hier in dieser Liste gespeichert ist). Mit der Maus können Sie dann das gewünschte Suchwort anklicken, in diesem Fall `objects` (siehe Abbildung 12). Nach zweimaligem Betätigen der Eingabetaste sind Sie dann in der Hilfe für `objects` (siehe Abbildung 13). Wenn Sie das richtige Suchwort kennen, geht es natürlich viel schneller mit `?Suchwort` oder `help(Suchwort)`.

Sie verlassen das Hilfesystem über *'Datei'* und *'Beenden'* oder mit den Tasten *'Alt'* und gleichzeitig *'Tab'* (siehe Abbildung 14). Diese letzte Möglichkeit ist zu empfehlen, wenn Sie möglicherweise noch einmal in die Hilfe zurückkehren möchten, weil Sie den Befehl vielleicht nicht komplett behalten haben. Sie können dann mit diesen Tasten zwischen dem Commandsfenster und dem Hilfesystem hin- und herspringen. **Hilfe beenden**

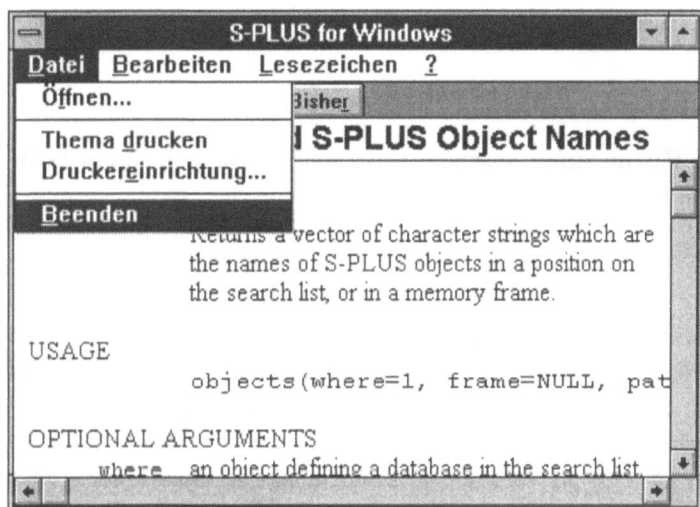

Abbildung 14: Verlassen des Hilfesystems

S-PLUS	Objekte auflisten, entfernen, Hilfe	S-PLUS

Mit der Funktion `objects` *können die vorhandenen S-PLUS-Objekte aufgelistet werden, mit* `rm` *können Objekte gelöscht werden, mit* `help` *gelangen Sie in das umfangreiche Hilfesystem, das die gleichen Einträge wie die Reference Manuals enthält. Es empfiehlt sich, den Umgang mit dem Hilfesystem zu üben, da Sie es überall zusammen mit S-PLUS zur Verfügung haben und es im Gegensatz zur Sekundärliteratur bei jeder Änderung in S-PLUS sofort auf dem neuesten Stand ist.*

Erste Statistiken:

Mit dem Befehl

```
summary(gerste)
```
summary

Varianz

erhalten Sie einige Statistiken zu diesem Datensatz (ab S-PLUS-Version 3.3 siehe auch Anhang A1). Welche Bedeutung haben diese Größen? Leider wird mit `summary` nicht die Varianz, d.h. natürlich die geschätzte Varianz, ausgegeben. Finden Sie mit der Hilfefunktion (am besten über *'search'*) heraus, wie man die Varianz erhält. Wie bekommt man dann die Standardabweichung (= Quadratwurzel (Englisch: squareroot) der Varianz)? Befehle können hintereinander geschaltet werden, also der Befehl für Quadratwurzel nach dem Befehl für Varianz: Quadratwurzel(Varianz(gerste)) (L2). Welche Formel benutzt S-PLUS für die Berechnung der Varianz? Multiplizieren Sie die S-PLUS-Funktion für die Varianz mit einem geeignetem Faktor, um im Nenner n statt $n-1$ zu erhalten (L3), wobei n den Stichprobenumfang bezeichnet.

Graphikfenster:

Mit dem Befehl

Histogramm

```
hist(gerste)
```

können Sie sich ein **Histogramm** ansehen. Dazu muß zuvor jedoch ein **Graphikfenster** mit dem Befehl

öffnen

```
win.graph()
```

geöffnet werden. Dieses Fenster wird automatisch aktiviert. Ab S-PLUS-Version 3.3 können Graphikfenster auch über die Kommandoleiste mit *'Tools'*, *'Graphics Device'*, *'Open'* und *'Graphics'* (noch einfacher mit den Tasten *Ctrl* und gleichzeitig *G*) geöffnet werden (siehe Abbildung 15). Auch die weiteren Befehle zu den Graphikfenstern können ab Version 3.3 durch ähnliche Operationen über *'Tools'* in der Kommandoleiste ersetzt werden.

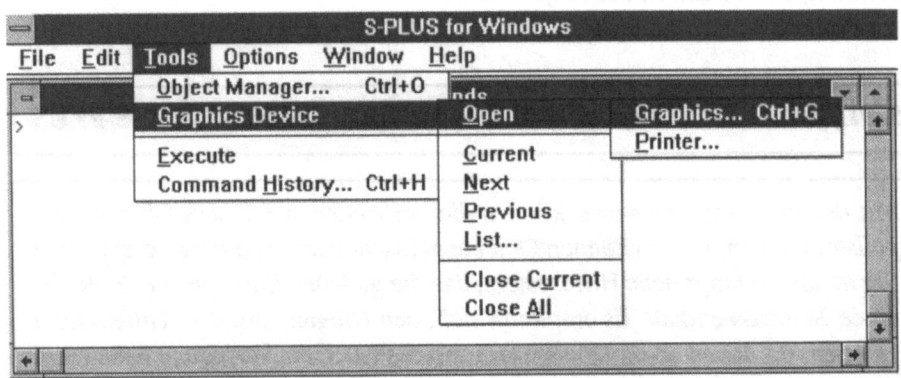

Abbildung 15: Öffnen eines Graphikfensters über die Kommandoleiste (ab Version 3.3)

Befehle können jedoch nur im Commandsfenster eingegeben werden, das mit einem Klick der Maus auf das Commandsfenster reaktiviert werden muß. Es können mehrere Graphikfenster geöffnet werden. Mit dem Befehl

aktualisieren

```
dev.set(3)
```

wird das Graphikfenster mit der Nummer 3, das geöffnet sein muß, zum **aktuellen Fenster**. Die nächste Graphik wird in dieses Fenster gezeichnet. Mit dem Befehl

$$\texttt{dev.off()}$$ schließen

wird das aktuelle **Graphikfenster geschlossen**, mit

$$\texttt{dev.off(3)}$$

wird das Fenster mit der Nummer 3 geschlossen, mit

$$\texttt{graphics.off()}$$

werden alle geöffneten Graphikfenster geschlossen.

S-PLUS	**Graphiken, Graphik-Devices**	**S-PLUS**

Eine Stärke von S-PLUS sind die graphischen Möglichkeiten. Viele Graphikfunktionen sind in S-PLUS schon implementiert. Um diese nutzen zu können, muß ein Graphik-Device geöffnet werden. Mit ?Devices *erfahren Sie in der Hilfe, welche Graphik-Devices von Ihrem System unterstützt werden. Mit* win.graph *erfolgt die Ausgabe auf dem Bildschirm, wobei gleichzeitig mehrere Fenster geöffnet werden können. Weitere Graphik-Devices folgen später (S. 31, 33).*

Daten von Diskette einlesen:

Wir wollen jetzt die vollständige Datei der Gersteerträge (in g) in 400 kleinen Parzellen einlesen. Die Datei ist im Verzeichnis H:\Kurse\SPLUS\SS95 unter dem Namen *GERSTESP.DAT* gespeichert. Sie wird mit dem Befehl

```
Gerste<-scan("H:\\Kurse\\SPLUS\\SS95\\GERSTESP.DAT")
```

oder **Pfadangaben in S-PLUS**

```
Gerste<-scan("H:/Kurse/S-PLUS/SS95/GERSTESP.DAT")
```

geladen, wobei die erste Möglichkeit nur unter Windows, die zweite sowohl unter Windows als auch unter Unix funktioniert. In der Lösungsdatei wird aus technischen Gründen die zweite Möglichkeit verwendet. Die hier verwendeten Pfadangaben sind durch Ihren eigenen Pfad zu ersetzen (vgl. S. 7).

Sehen Sie sich mit dem Befehl

```
Gerste
```

an, wie S-PLUS die Daten gespeichert hat (ab S-PLUS-Version 3.3 siehe auch Anhang A1).

S-PLUS **Einlesen aus Textdatei:** `scan` **S-PLUS**

Mit der Funktion `scan` *können Daten aus einer Textdatei eingelesen werden. Die Textdatei ist als Argument in den runden Klammern anzugeben, wobei auch Pfadangaben möglich sind, um S-PLUS zu sagen, wo die Datei steht. Der Name der Textdatei und die Pfadangaben sind in Anführungsstriche zu setzen. Unter Windows ist zu beachten, daß ein „ backslash" („\") als doppelter „ backslash" („\\") einzugeben ist.*

Histogramme:

Wir wollen Histogramme der Gerstedaten betrachten, uns zuvor jedoch im Hilfesystem über den Befehl

```
hist
```

informieren. Wir haben damit ein Beispiel einer in S-PLUS eingebauten Funktion. An diesem Beispiel wollen wir uns den generellen Aufbau einer Hilfefunktion ansehen, der inzwischen in Büchern und Veröffentlichungen von S-PLUS-Funktionen zum Standard geworden ist (siehe z.B. Efron und Tibshirani (1993)). Die gleiche Beschreibung wie in der *'on-line'*-Hilfe finden Sie im *Reference Manual*, in dem Sie auch unter *'How to Use This Book'* eine Kurzdefinition aller Hilfepunkte finden. Wem diese Beschreibung bei der Arbeit am Computer zu lange dauert, kann sie auch zunächst übergehen und auf Seite 21 fortfahren.

Genereller Aufbau einer Hilfefunktion am Beispiel `hist`**:**

Die Hilfe beginnt mit

DESCRIPTION

     Creates a histogram on the current graphics device. Several options are available.

Die Funktion wird hier kurz beschrieben: Im aktuellen Graphikfenster oder richtiger im aktuellen *'graphics device'* wird ein Histogramm erzeugt. Dabei gibt es zahlreiche Optionen.

USAGE

```
hist(x, nclass=«see below», breaks= «see below»,
     plot=T, probability=F, include.lowest=T, ...)
```

verlangte und optionale Argumente

Hier wird der Aufruf der Funktion beschrieben, d.h. die Funktion wird mit ihren Argumenten angegeben, die im fogenden näher erläutert werden. Achten Sie darauf, daß bei x kein Gleichheitszeichen folgt und x somit ein verlangtes Argument ist, während die weiteren Argumente optional sind. Ihnen ist mit dem Gleichheitszeichen ein Wert zugewiesen worden, der sogenannte **Defaultwert**. Nur wenn man diesen Wert ändern möchte, z.B. die Klassenanzahl, sollte man einen anderen Wert angeben. Ist der Defaultwert nicht generell durch einen

Genereller Aufbau einer Hilfefunktion

bestimmten festen Wert anzugeben, sondern steht dahinter ein von den Daten abhängiger Wert, wie hier bei der Anzahl der Klassen für das Histogramm, so wird der zugehörige Algorithmus weiter unten beschrieben, daher die Angabe =«see below». Für `plot`, `probability` und `include.lowest` sind hier Defaultwerte angegeben. Es sind logische Variablen: `T` steht für `TRUE`, `F` für `FALSE` (siehe unten über die Bedeutung von `plot` und `probability`). **logische Variablen**

REQUIRED ARGUMENTS

    x numeric vector for histogram. Missing values (NAs) are allowed.

Hier werden die verlangten Argumente, die also in jedem Fall angegeben werden müssen, beschrieben, und es wird gesagt, wie fehlende Werte behandelt werden. In diesem Fall ist `x` ein numerischer Vektor und fehlende Werte sind zulässig. **fehlende Werte**

OPTIONAL ARGUMENTS
Hier werden die optionalen Argumente, die nicht angegeben werden müssen, und ihre Defaultwerte beschrieben.

    nclass

        recommendation for the number of classes (i.e., bars) the histogram should have. The default is a number proportional to the logarithm of the length of x.

Für die Klassenanzahl wird ein Defaultwert empfohlen, der proportional dem Logarithmus des Stichprobenumfangs (`length(x)`) ist und in der Regel ein gutes Histogramm liefert. **Klassenanzahl**

    breaks

        vector of the break points for the bars of the histogram. The count in the i-th bar is

            sum(breaks[i]< x & x <= breaks[i+1])

        except that if `include.lowest` is `TRUE` (the default), the first bar also includes points equal to `breaks[1]`. If omitted, evenly spaced break points are determined from `nclass` and the extremes of the data.

Mit `breaks` können die Klassengrenzen eingegeben werden. Die Intervalle sind links offen, rechts abgeschlossen. Wenn keine `breaks` angegeben werden, werden die Klassengrenzen in gleichen Abständen in Abhängigkeit von der Klassenanzahl `nclass` und den Extremwerten der Daten bestimmt. **Klassengrenzen**

    plot

        logical flag: if `TRUE`, the histogram will be plotted; if `FALSE`, a list giving breakpoints and counts will be returned.

`plot` ist eine logische Variable, die `T` für `TRUE` und `F` für `FALSE` sein kann. Falls sie `TRUE` ist, wird das Histogramm gezeichnet. Falls sie `FALSE` ist, wird eine Liste mit den Klassengrenzen und den Häufigkeiten ausgegeben. **Art der Ausgabe**

    probability

        logical flag: if `TRUE`, the histogram will be scaled as a probability density; the sum of the bar heights times bar widths will equal 1. If `FALSE`, the heights of the bars will be counts.

`probability` ist ebenfalls eine logische Variable. Falls sie `TRUE` ist, wird das Histogramm wie eine Dichtefunktion skaliert. Die Summe aller Histogrammflächen ist 1. Falls sie `FALSE` ist, ist die Skala in absoluten Häufigkeiten geeicht. **Skala**

include.lowest

> If TRUE (the default) the first bar will include data points equal to the lowest break, otherwise it will act like the other bars (see the description of the breaks argument).

Unterste Grenze

include.lowest ist eine logische Variable, die defaultmäßig TRUE ist, d.h. in der ersten Klasse für das Histogramm werden die Werte, die gleich der unteren Grenze sind, bei der Berechnung der absoluten Häufigkeit mitgezählt.

...

> additional arguments to barplot. The hist function uses the function barplot to do the actual plotting: consequently, arguments to the barplot function that control shading, etc., can also be given to hist. See the barplot documentation for arguments angle, density, col and inside. Do not use the space or histo arguments.

Weitere Argumente

Die Funktion hist benutzt die allgemeine Funktion barplot für die Darstellung des Histogramms. Deshalb können optionale Argumente zu barplot auch hier angegeben werden. Genaueres findet man bei barplot.

> Graphical parameters may also be supplied as arguments to this function (see par). In addition, the high level graphics arguments described under par and the arguments to title may be supplied to this function.

Graphische Parameter

Graphische Parameter können zusätzlich als Argumente zu hist angegeben werden. Insbesondere kann das Histogramm mit den Argumenten der Funktion title mit Haupt-, Untertitel und Achsenbeschriftungen versehen werden.

VALUE

> if plot is TRUE, a vector containing the coordinate of the center of each box is returned.
>
> if plot is FALSE, hist returns a list with components:
>
> counts count or density in each bar of the histogram.
> breaks break points between histogram classes.

Ausgabe

Unter VALUE werden die Ausgaben von S-PLUS beschrieben. Falls plot TRUE ist, wird ein Vektor mit den Klassenmittelpunkten ausgegeben, den Sie jedoch nur sehen, wenn Sie z.B. mit

```
histaus<-hist(Gerste,plot=T)
```

der Ausgabe einen Namen zuweisen und dann mit

```
histaus
```

diese Ausgabe wieder aufrufen. Wenn plot FALSE ist, wird eine Liste ausgegeben mit den Komponenten counts, also den beobachteten Häufigkeiten und breaks, den verwendeten Klassengrenzen. Dies kann nützlich sein, wenn man z.B. die Häufigkeiten für andere Zwecke weiterverwenden möchte. Beachten Sie, daß unter VALUE nicht die Ausgabe der Graphik angegeben wird, die unter den nächsten Punkt fällt.

SIDE EFFECTS

> if plot is TRUE, a plot is created on the current graphics device.

Hier werden Effekte angegeben, die von simplen Ausgaben abweichen. Dazu gehören Graphiken.

DETAILS

> If `include.lowest` is `FALSE` the bottom breakpoint must be strictly less than the minimum of the data, otherwise (the default) it must be less than or equal to the minimum of the data. The top breakpoint must be greater than or equal to the maximum of the data.
> If `plot` is `TRUE`, then `hist` calls `barplot`.

Hier werden verwendete Methoden, Algorithmen usw. beschrieben.

REFERENCES

> "Histograms". In *Encyclopedia of Statistical Sciences*. S. Kotz and N.L. Johnson, eds.

Hier werden Literaturhinweise gegeben. **Literatur**

SEE ALSO

> `cut, barplot, boxplot, stem, density, tabulate, par, title.`

Hier wird auf verwandte oder benutzte Funktionen hingewiesen, die im Hilfesystem über die Maus direkt angeklickt werden können. **Verweise**

EXAMPLES

```
my.sample <- rt(50,5)
lab <- "50 samples from a t distribution with 5 d. f."
hist(my.sample, main=lab)
```

Hier werden Beispiele angegeben, die man sich aus dem Hilfefenster in das Commandsfenster kopieren kann (siehe z.B. Seite 79). **Beispiele**

Die beiden ersten Punkte *DESCRIPTION* und *USAGE* gehören zu jeder Hilfedatei, die weiteren werden nur bei Bedarf angeboten. Außer den hier bei `hist` vorkommenden Hilfepunkten gibt es noch:

BACKGROUND: Hintergrundinformation (siehe z.B. in der Hilfe zu `F` zur F-Verteilung).

WARNING: Warnungen.

NOTES: Hinweise.

Angabe von Argumenten zu Funktionen:

Nach diesem Exkurs über den Aufbau einer Hilfefunktion wollen wir zur Anwendung der Funktion `hist` zurückkehren. Wir wollen uns merken, daß Argumente zu Funktionen entweder strikt in der vorgegebenen Reihenfolge nur durch ihre Werte einzugeben sind oder mit Namen und Wertzuweisung per Gleichheitszeichen. Argumente werden durch Kommazeichen voneinander getrennt.

Falls Sie mit der Version 3.3 von S-PLUS arbeiten, gibt es die Möglichkeit, eine Funktion, z.B. `hist`, mit dem Befehl

```
arg.dialog(hist)
```
Menü für Argumente

aufzurufen. Sie erhalten dann ein Menü, in das Sie die Werte der Argumente eintragen können. Für die optionalen Argumente sind die Defaultwerte vorgegeben (siehe Abbildung 16).

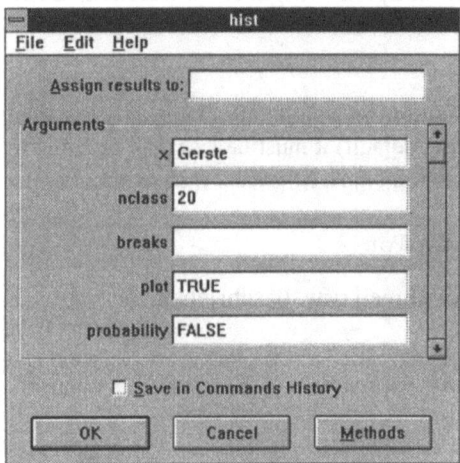

Abbildung 16: Eingabe der Argumente ab Version 3.3

| S-PLUS | Funktionsaufruf, Argumente | S-PLUS |

Funktionen sind mit ihrem Namen aufzurufen. In den anschließenden runden Klammern folgen die Argumente, die entweder strikt in der vorgegebenen Reihenfolge nur durch ihre Werte oder mit Namen und Wertzuweisung durch Gleichheitszeichen einzugeben sind. Argumente werden durch Kommazeichen voneinander getrennt. Es wird zwischen verlangten und optionalen Argumenten unterschieden. Verlangten Argumenten ist stets ein Wert zuzuweisen. Optionalen Argumenten ist in der Definition der Funktion per Gleichheitszeichen ein Defaultwert zugewiesen worden, mit dem die Funktion rechnet, wenn nichts anderes eingegeben wird.

Histogramme, Fortsetzung:

Öffnen Sie drei Graphikfenster (richten Sie es über *'Window'* in der S-PLUS-Kommandozeile so ein, daß Sie die Graphikfenster und das Commandsfenster gleichzeitig sehen können, siehe Abbildung 17) und betrachten Sie Histogramme mit verschiedenen Klasseneinteilungen (L4).

Geben Sie auch die Klassengrenzen selbst ein (L5). Dazu könnte der Befehl

```
seq
```

Zahlenfolge definieren hilfreich sein, mit dem Sie eine **Zahlenfolge** für die Klassengrenzen definieren können (siehe Hilfe). Die Skaleneinteilung der Histogramme beginnt für diesen Datensatz bei 50 und endet bei 250. Wenn Sie die **Grenzen** der x-**Achse** verändern möchten, benutzen Sie im hist-Befehl, d.h. in den runden Klammern für diesen Befehl, den Zusatz

Skalengrenzen
```
xlim=c(Anfang, Ende),
```

Histogramme

z.B.

$$\text{xlim=c(0,300)}$$

(L6). Mit `ylim` können Sie die Grenzen der y-Achse festlegen, wenn es sinnvoll ist, von der automatischen Achseneinteilung von S-PLUS abzuweichen. Standardmäßig verwendet S-PLUS für die Achseneinteilung der y-Achse absolute Häufigkeiten. Es kann jedoch auch eine Skalierung wie bei Dichtefunktionen angebracht sein. Dann ist die Summe aller Histogrammflächen gleich 1. Benutzen Sie die Hilfefunktion, um diese Skalierung zu erreichen (L7).

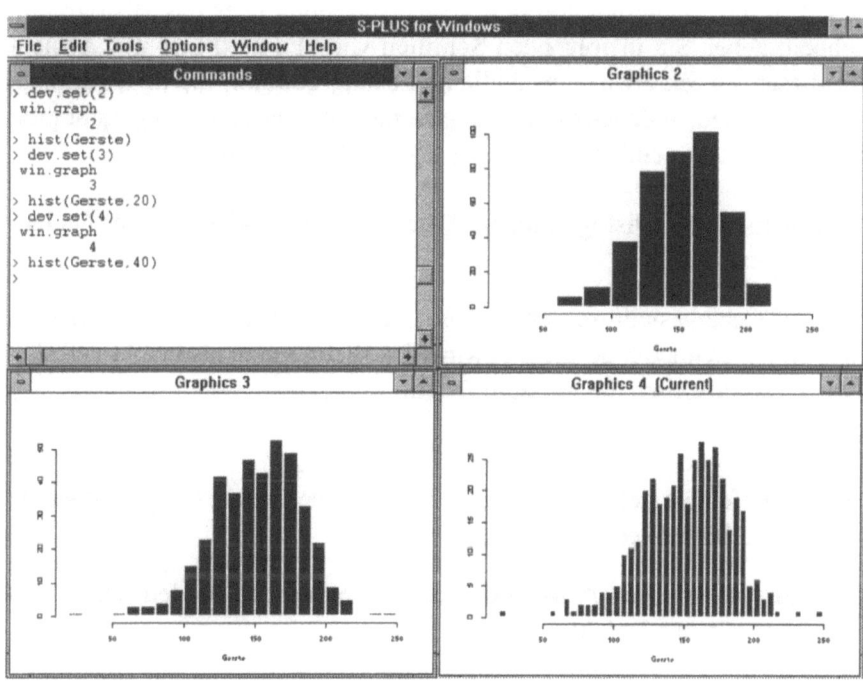

Abbildung 17: Aufteilung des Bildschirms

S-PLUS **Histogramme:** `hist` **S-PLUS**

Die Funktion `hist` ist eine in S-PLUS implementierte Funktion, die Histogramme zeichnet. Sie verlangt als einziges Argument einen Datenvektor. Mit weiteren optionalen Argumenten können die Klassenanzahl, die Intervallgrenzen und die Skalierung beeinflußt werden. Intern greift die Funktion `hist` auf die allgemeinere Funktion `barplot` zurück. Argumente zu `barplot` können zusätzlich zu den Argumenten von `hist` beim Aufruf von `hist` angegeben werden. Dies wird in der Hilfefunktion durch die drei Punkte ... angedeutet. Die Argumente werden sozusagen von `hist` an `barplot` übergeben. Außerdem können graphische Parameter als optionale Parameter im Aufruf der Funktion `hist` (gilt auch für andere graphische Funktionen wie z.B. `plot`) angegeben werden.

Plot einer Dichtefunktion über das Histogramm der Daten:

Jetzt wollen wir eine Dichtefunktion der Normalverteilung über dieses Histogramm zeichnen. Bestimmen Sie zunächst mit den Befehlen `summary` und dem Befehl für die Standardabweichung (siehe oben) geeignete Werte für den Erwartungswert und die Standardabweichung. Befehle für die Normalverteilung finden Sie in der Hilfe unter

Normalverteilung

```
Probability Distributions.
```

Probieren Sie die dort angegebenen Befehle zunächst aus, und überzeugen Sie sich, welche Werte man jeweils erhält. Vergleichen Sie mit evtl. vorhandenen Tabellen. Um die Dichtefunktion der Normalverteilung über das Histogramm zu zeichnen, gehen Sie in folgenden Schritten vor: (Es wird hier mit Absicht eine für diesen Zweck etwas umständliche Lösung gewählt, die dem Autor in anderen Situationen, in denen es eine vergleichbar elegantere Lösung nicht gibt, sehr hilfreich war. Die einfachere Lösung wird weiter unten besprochen.)

Histogramm

1. Zeichnen Sie ein Histogramm der Daten mit der y-Skalierung für Dichtefunktionen.

Graphiken übereinander

2. Es muß sichergestellt werden, daß die Graphik der Dichtefunktion über die vorhandene Graphik gezeichnet wird, das Histogramm also nicht gelöscht wird. Das erreichen Sie mit dem Befehl

```
par(new=T).
```

Dieser Befehl ist stets zu wiederholen, wenn eine weitere Graphik über die schon vorhandene gezeichnet werden soll.

gleiche Achsen

3. Es müssen dieselben Achsenskalierungen verwendet werden. Das erreichen Sie mit dem Befehl

```
par(xaxs="d", yaxs="d").
```

Dieser Befehl ist permanent und ist ggf. durch den Befehl

```
par(xaxs=" ", yaxs=" ")
```

wieder rückgängig zu machen. Dabei dürfen Sie die Leerzeichen nicht vergessen.

Punktfolge

4. Definieren Sie eine Folge von Punkten auf der x-Achse, für die die Werte der Dichtefunktion gezeichnet werden sollen, z.B.

```
x<-seq(0, 300, 10).
```

Lassen Sie sich x ausgeben.

Dichte Normalverteilung

5. Für die obigen x-Werte ist die Dichtefunktion durch die Zuweisung

```
y<-DichteNormal(x,μ,σ)
```

zu berechnen. Der Befehl für `DichteNormal` ist mit der Hilfefunktion zu suchen (L8).

Generische Funktionen

6. Zeichnen Sie mit dem Befehl

   plot(x, y)

   die oben berechneten Punkte (x,y) über das Histogramm.

| **S-PLUS** | **Graphische Parameter: par** | **S-PLUS** |

Graphische Parameter werden in der Hilfe unter par beschrieben. Dort wird zwischen 'High-Level Parameters' und allgemeinen Parametern unterschieden. 'High-Level Parameter' dürfen nur in 'High-Level'-Graphiken, d.h. Graphiken, die Koordinatensysteme erzeugen, verwendet werden. Allgemeine Parameter dürfen in allen graphischen Funktionen verwendet werden und können auch mit der Funktion par aufgerufen werden. Dann ist ihre Wirkung jedoch global und gilt bis zur nächsten Änderung mit par. Wird ein Parameter innerhalb einer graphischen Funktion verwendet, so gilt dieser Parameter nur lokal in diesem Funktionsaufruf.

| **S-PLUS** | **plot: Eine generische Funktion** | **S-PLUS** |

Eine weitere graphische Funktion ist plot, eine sehr vielfältige Funktion, die laut Hilfe als einziges Argument die Daten x verlangt, wobei x ein S-PLUS-Objekt sein muß. Die Art des Plots orientiert sich am übergebenen Objekt, d.h. an der Klasse des Objekts. Wie Sie in der Hilfe sehen, ist plot eine generische Funktion, die zunächst prüft, welcher Objekttyp übergeben wurde und dann aus einer Vielzahl von „Unterfunktionen" von plot die richtige auswählt. Das Prinzip der generischen Funktionen und der objektorientierten Methoden wird in der Hilfe unter Methods beschrieben, ein Punkt, der nur über das Inhaltsverzeichnis oder über den Umweg methods und dort über SEE ALSO zu erreichen ist. Die Funktion methods wiederum listet alle für eine generische Funktion zur Verfügung stehenden Methoden auf, die oben mit Unterfunktionen bezeichnet wurden, wenn man das Argument generic.function verwendet. Ebenso kann sie die für eine Klasse von Objekten zur Verfügung stehenden Methoden auflisten, wenn man als Argument class verwendet. Man darf nur eines der beiden Argumente verwenden. Das Argument class ist stets in der Form class= zu verwenden, da es in der Reihenfolge der Argumente an zweiter Stelle steht. Die zu einer generischen Funktion zur Verfügung stehenden Unterfunktionen finden Sie auch im Hilfesystem unter 'Search'. Wenn Sie den Namen der generischen Funktion, z.B. plot eingeben, folgen im Suchfenster nach plot die Unterfunktionen von plot. Die Klassennamen sind als Erweiterung an plot angehängt. So ist z.B. plot.data.frame die Plotfunktion für Objekte der Klasse data.frame (siehe S. 73), die für alle Variablen in data.frame die empirische Verteilung zeichnet.

S-PLUS	**Implementierte Verteilungen**	S-PLUS

Neben der Normalverteilung sind zahlreiche weitere Verteilungen in S-PLUS implementiert, für die jeweils die Dichte, die Verteilungsfunktion, die Inverse der Verteilungsfunktion (Quantile) berechnet werden können. Ferner können Zufallszahlen für diese Verteilungen erzeugt werden. Die Namen der entsprechenden Funktionen ergeben sich aus den Bezeichnungen der Verteilung und dem voranzustellenden Präfix: „ d " für die Dichte (Englisch: 'density'), „ p " für die Verteilungsfunktion (p für 'probability'), „ q " für die Quantile ('quantile') und „ r " für Zufallszahlen ('random'). Als Argumente sind die Werte, für die die entsprechenden Größen berechnet werden sollen, bzw. die Anzahl der Zufallszahlen und die Parameter der Verteilung einzugeben. Die zur Verfügung stehenden Verteilungsfamilien und ihre Bezeichnung in S-PLUS sind:

- `beta` *Beta-Verteilung*
- `binom` *Binomialverteilung*
- `cauchy` *Cauchyverteilung*
- `chisq` *χ^2-Verteilung*
- `exp` *Exponentialverteilung*
- `f` *F-Verteilung*
- `gamma` *Gammaverteilung*
- `geom` *Geometrische Verteilung*
- `hyper` *Hypergeometrische Verteilung*
- `lnorm` *Lognormalverteilung*
- `logis` *Logistische Verteilung*
- `nbinom` *Negative Binomialverteilung*
- `norm` *Normalverteilung*
- `nrange` *Verteilung der Spannweite von $N(0,1)$-verteilten Zufallsvariablen*
- `pois` *Poissonverteilung*
- `t` *t-Verteilung*
- `unif` *Rechteckverteilung (Englisch: 'Uniform distribution')*
- `weibull` *Weibullverteilung*
- `wilcox` *Verteilung der Wilcoxon-Rangsummenstatistik*

Funktionen:

Mit dem Befehl

$$\texttt{plot(x, y, type="l")}$$

linear verbinden

können die eingezeichneten Punkte **linear verbunden** werden. An dieser Stelle sei auch die einfachere Lösung verraten. Da in diesem Fall als zweite Graphik nur eine einfache Linie über das vorhandene Histogramm gezeichnet wird, können die in den Schritten 3, 4 und 6 genannten Befehle durch den einzigen Befehl

$$\texttt{lines(x, y)}$$

Linien zeichnen

ersetzt werden. Probieren Sie dies aus, und verwenden Sie auch dichtere Punktfolgen für die x-Werte und andere Klasseneinteilungen. Dabei müssen Sie jetzt mühsam die schon einmal eingegebenen Befehle neu eintippen. Es gibt zwar die auch sonst nützliche Möglichkeit, frühere Befehle mit den Cursortasten ↑ oder *Bild* ↑ in die Kommandozeile zurückzuholen. Ab S-PLUS Version 3.3 kann man sich frühere Befehle auch über die Kommandozeile mit *'Tools'* und *'Commands History'* auflisten lassen. Mit der Maus kann ein einzelner Befehl angeklickt werden und dadurch in die Kommandozeile geschrieben werden. Mit *'Execute'* kann dieser Befehl ausgeführt werden (siehe Abbildung 18).

alte Befehle

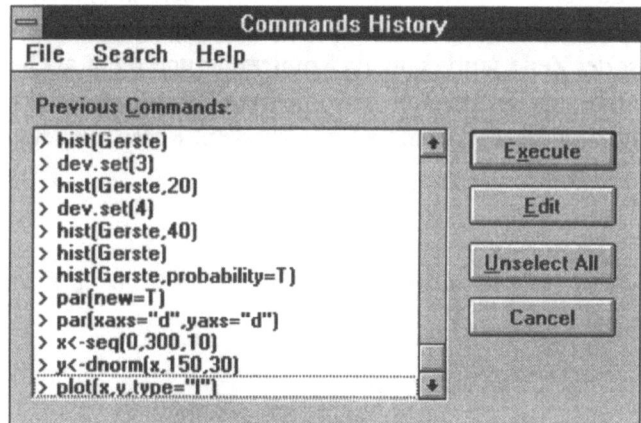

Abbildung 18: Auflistung alter Befehle über 'Tools' *(ab Version 3.3)*

| **S-PLUS** | **Linien zeichnen:** `lines` | **S-PLUS** |

Die Funktion `lines` *zeichnet Linien in eine vorhandene Graphik. Der Linientyp kann mit dem optionalen Argument* `type` *angegeben werden. Verlangte Argumente sind die Koordinaten der Punkte durch die die Linien gezeichnet werden sollen.*

Diese Mühe läßt sich umgehen, indem man die Befehle in eine **Funktion** schreibt, die man dann mit ihrem Namen und ggf. ihren variablen Argumenten aufruft. Es

Namen

ist zweckmäßig, Funktionsnamen immer eine bestimmte Erweiterung z.B. .fun zu geben, um sie von anderen S-PLUS-Objekten wie Matrizen oder Vektoren zu unterscheiden.

Bevor Sie mit dem Schreiben dieser Funktion beginnen, wollen wir uns einige schon fertige Funktionen ansehen. Es gibt zunächst die von S-PLUS eingebauten Funktionen, wie z.B. `hist` oder `var`. Die Befehle, die in dieser Funktion stehen, können Sie sich ansehen, indem Sie einfach den Namen der Funktion, also z.B.

Definition

```
hist
```

eingeben. Mit dem Befehl

```
hist(Gerste)
```

Varianz

wird diese Funktion dann auf die Datei `Gerste` angewendet. Beispiele für vom Benutzer (d.h. Autor) definierte Funktionen sind `nvar.fun` und `nsd.fun`, die die Varianz bzw. die Standardabweichung berechnen, jedoch abweichend von der internen S-PLUS-Funktion `var` mit dem Nenner n statt $n-1$. Sehen Sie sich diese Funktionen mit dem Befehl `nvar.fun` bzw. `nsd.fun` an. Wie Sie sehen, ist es möglich, innerhalb einer Funktion wieder andere Funktionen aufzurufen. In `nvar.fun` wird die S-PLUS-interne Funktion `var` aufgerufen, in `nsd.fun` die vom Benutzer definierte Funktion `nvar.fun`. Es empfiehlt sich, Funktionen

Kommentar

immer mit Kommentaren zu versehen, damit die Funktionen auch zu späteren Zeitpunkten und von anderen Benutzern zu verstehen sind. Das Zeichen für einen Kommentar ist #. Der Rest der Zeile wird dann als Kommentar und nicht als S-PLUS-Befehl aufgefaßt. Geht ein Kommentar über mehrere Zeilen, so ist das Kommentarzeichen zu Beginn jeder Folgezeile zu wiederholen. Rufen Sie jetzt diese Funktionen mit den Befehlen

```
nvar.fun(Gerste)
```

bzw.

```
nsd.fun(Gerste)
```

Ausgabe

auf. Vielleicht möchten Sie jetzt eine Funktion, die Ihnen sowohl die Varianz als auch die Standardabweichung ausgibt. Schauen Sie sich dazu die Funktion `nvarnsd1.fun` an, die sowohl die Varianz als auch die Standardabweichung berechnet. Wenden Sie diese Funktion jetzt auf die Datei `Gerste` an. Was erhalten Sie als Ausgabe? S-PLUS gibt nur den zuletzt berechneten Wert, hier die Standardabweichung, aus. Wollen Sie alle berechneten Werte als Ausgabe erhalten, so müssen Sie diese zum Schluß noch einmal zu einem Vektor zusammenfassen, wie Sie es in der Funktion `nvarnsd.fun` sehen. Sie werden später lernen, wie man die Ausgabe noch mit einem Text versehen kann. Soll die Ausgabe einer Funktion in einem S-PLUS-Objekt gespeichert werden, so ist dies z.B. mit dem Befehl

```
nvarsGer<-nvarnsd.fun(Gerste)
```

möglich. Varianz und Standardabweichung sind jetzt in dem Vektor `nvarsGer` gespeichert.

Schreiben einer Funktion:

Wir wählen den Namen `histger.fun` für die Funktion, die uns das Histogramm der Gerstedaten zeichnen soll. Die Syntax für das Schreiben von S-PLUS-Funktionen wird im Hilfessytem unter

Syntax

```
Syntax
```

beschrieben. Funktionen werden mit einem **Editor** geschrieben. Geben Sie dazu den Befehl

```
fix(histger.fun)
```

Editor

ein. Es wird der *'Notepad'*-Editor unter Windows aufgerufen (ab Version 3.3 siehe auch Anhang A1). Mit der Funktion `options` oder über *'Options'* in der Kommandoleiste kann ein anderer Editor ausgewählt werden, der dann durch `fix` angesprochen wird. Beim Aufruf einer neuen Funktion steht bereits

```
function()
{
}
```

im Editor. In die runde Klammer hinter `function` schreiben wir die Namen der variablen Argumente, in diesem Fall z.B. Kl für die Klassenanzahl, a für den Anfang der x-Achsenskalierung, b für das Ende, nx für die Anzahl der x-Werte, für die die Dichte berechnet werden soll, mu für den Erwartungswert und `sigma` für die Standardabweichung der Normalverteilung. Die vollständige Funktion könnte dann so aussehen:

```
function(Kl,a,b,nx,mu,sigma)
{
    hist(Gerste, nclass=Kl, probability=T, xlim=c(a,b))
    par(new=T)
    par(xaxs="d", yaxs="d")
    x <- seq(a, b, length=nx)
    y <- dnorm(x, mu, sigma)
    plot(x, y, type="l")
    par(xaxs=" ", yaxs=" ")
}
```

Es ist wichtig, daß Sie die letzte Zeile dieser Funktion nicht vergessen, da sonst in allen folgenden Graphiken die gleiche Achsenskalierung wie für das Histogramm der Gerstedaten verwendet würde.

Die elegantere Variante dieser Funktion wäre:

```
function(Kl,a,b,nx,mu,sigma)
{
    hist(Gerste, nclass=Kl, probability=T, xlim=c(a,b))
    x <- seq(a, b, length=nx)
```

```
        y <- dnorm(x, mu, sigma)
        lines(x, y)
}
```

Editor verlassen Der Editor wird mit einem Klick auf die linke obere Ecke oder über die Kommandoleiste über *'Datei'* und *'Beenden'* verlassen (siehe Abbildung 19). Wurde die Funktion geändert, erscheint eine Abfrage (siehe Abbildung 20), ob diese Änderungen gespeichert werden sollen. Diese Frage sollte mit „Ja" beantwortet werden.

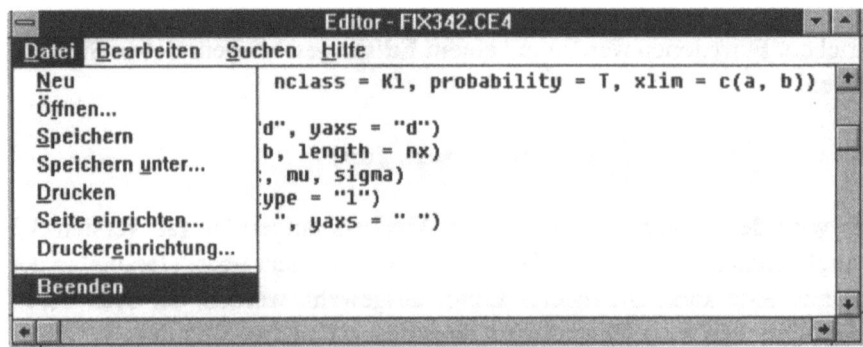

Abbildung 19: Verlassen des Editors über die Kommandoleiste

Fehler Enthält die Funktion Fehler, wird sie nicht gespeichert. Sie kann mit dem Befehl

```
                    fix()
```

wieder aufgerufen und weiter bearbeitet werden. Zwischenzeitlich darf jedoch keine andere Funktion mit `fix` bearbeitet werden. Es besteht auch die Möglichkeit, eine mit `fix` bearbeitete Datei über die Kommandoleiste über *'Datei'* und *'Speichern unter'* abzuspeichern (siehe Abbildung 19). Dies ist insbesondere dann nützlich, wenn Sie einen Fehler zur Zeit nicht beheben können.

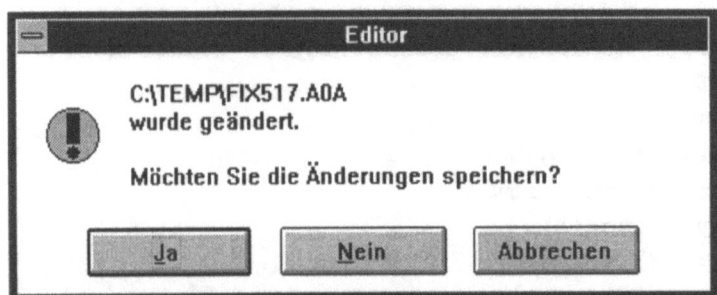

Abbildung 20: Abfrage bei Verlassen des Editors, falls Funktion geändert wurde

Aufruf der ersten eigenen Funktion:

Testen Sie jetzt die Funktion, variieren Sie dabei die Argumente. **Aufgerufen** wird die **Funktion** mit ihrem Namen und den Werten für die Argumente in der runden Klammer. Die Argumente sind durch Kommata zu trennen. Der Befehl könnte also lauten:

```
        histger.fun(20,0,300,100,150,30)
```

Da in der obigen Funktion keine Defaultwerte für die Argumente vereinbart wurden, werden alle Argumente beim Aufruf der Funktion verlangt.

S-PLUS	Benutzerdefinierte Funktionen	S-PLUS

Häufig kommt es vor, daß Befehle in gleicher Reihenfolge, jedoch mit leicht abgewandelten Parametern einzugeben sind. Selbstgeschriebene Funktionen erleichtern hier die Arbeit, indem die zu verändernden Parameter als Argumente der Funktion definiert werden. Dabei können Argumente wiederum zwingend verlangt werden oder optional vereinbart werden. In diesem Fall ist ihnen per Gleichheitszeichen ein Defaultwert zuzuweisen. Es gelten die gleichen Regeln wie für die implementierten S-PLUS-Funktionen.

S-PLUS	Editor: `fix`	S-PLUS

Funktionen werden sinnvollerweise mit einem Editor geschrieben. Mit der Funktion `fix` wird der vorher mit `options` ausgewählte Editor (defaultmäßig der 'Notepad'-Editor) aufgerufen. Defaultmäßig wird die Funktion in einem temporären File gespeichert. Optional kann mit `fix` ein Filename angegeben werden. Enthält die Funktion keine syntaktischen Fehler wird sie beim Verlassen des Editors einem S-PLUS-Objekt mit dem beim Aufruf von `fix` angegebenen Funktionsnamen zugewiesen. Werden jedoch Fehler gemeldet, sind diese mit dem Editor, der nur mit `fix()` ohne Argumente aufzurufen ist, zu beheben.

S-PLUS	Graphische Parameter: `par`	S-PLUS

Die Funktion `par` bietet die Möglichkeit, graphische Parameter zu setzen. Diese Befehle sind dauerhaft und gelten bis zur nächsten Änderung mit `par`. Daher ist es manchmal ratsam, die Parameter nach Gebrauch wieder auf den alten Zustand zurückzusetzen. Dazu empfiehlt es sich auch, diese alten Parameter in einem S-PLUS-Objekt zu speichern. Eine andere Möglichkeit ist die lokale Verwendung von graphischen Parametern innerhalb graphischer Funktionen (S. 25.)

Ausgabe einer Graphik auf Drucker:

Wollen Sie Ihre Graphik auf dem **Drucker** ausgeben, so muß vor Aufruf der Funktion der Befehl

```
win.printer()
```
Drucker öffnen

eingegeben werden, dann der Befehl für die zu druckende Graphik, z.B.

$$\texttt{hist(Gerste)}$$

und anschließend wieder

Drucker schließen

$$\texttt{dev.off()}.$$

Erst nach diesem Befehl wird die Graphik vom Drucker gedruckt (bzw. nach Abschicken einer weiteren Graphik). Sie erhalten in diesem Fall keine Ausgabe der Graphik auf dem Bildschirm. Ab S-PLUS-Version 3.3 kann die Druckerausgabe auch über die Kommandoleiste mit *'Tools'*, *'Graphics Device'*, *'Open'* und *'Printer'* geöffnet werden und auf die gleiche Weise mit *'Close Current'* wieder geschlossen werden (siehe Abbildung 21).

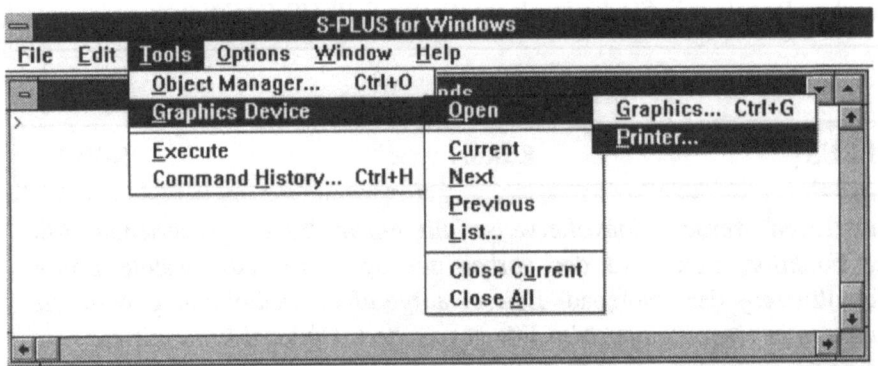

Abbildung 21: Öffnen der Druckerausgabe über die Kommandoleiste ab Version 3.3

Hardcopy des aktuellen Fensters

Eine andere Möglichkeit ist es, den Inhalt des aktuellen Fensters über die Kommandoleiste mit *'File'* und *'Print'* auszudrucken (siehe Abbildung 22). In Abbildung 22 wird der Inhalt des Graphikfensters gedruckt. Befinden Sie sich im Commandsfenster wird der Inhalt des Commandsfensters gedruckt.

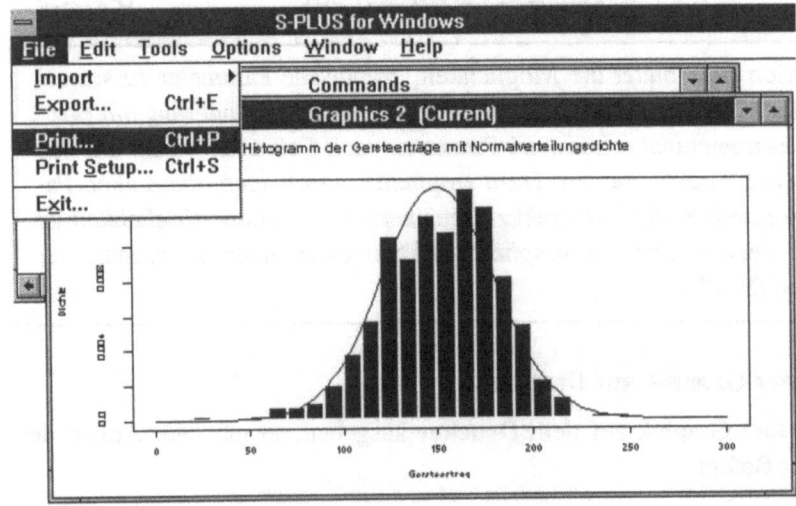

Abbildung 22: Hardcopy des aktuellen Fensters

postscript

Falls Sie einen Postscript-Drucker zur Verfügung haben, erhalten Sie qualitativ hochwertige Druckausgaben mit dem Befehl `postscript`. Mit dem Befehl

```
postscript(file="MeinBild.ps")
```

werden die folgenden Graphiken in die Datei `MeinBild.ps` geschrieben. Sie können vor dem Dateinamen einen Pfad angeben, wenn Sie Ihre Datei in einem bestimmten Verzeichnis speichern möchten. Die Befehle für die Graphiken sind im Commandsfenster einzugeben. Sie erhalten keine Ausgaben der Graphiken auf dem Bildschirm. Mit dem Befehl

```
dev.off()
```

ist die Eingabe in die Postscript-Datei zu beenden. Informieren Sie sich im Hilfesystem über die optionalen Parameter zu `postscript`, insbesondere über die Breite und Höhe der Graphik. Sie können die Datei `MeinBild.ps` direkt aus S-PLUS mit dem Befehl

```
dos("copy MeinBild.ps prn")
```
DOS-Befehle

zum Drucker schicken. Auf ähnliche Weise können Sie andere DOS-Befehle aus S-PLUS heraus eingeben. Gelegentlich werden Sie eine Graphik auf dem Bildschirm erzeugt haben, die Ihnen gefällt und die Sie, so wie sie ist, auf den Drucker bringen möchten, ohne wie bei den oben beschriebenen Möglichkeiten, alle Befehle noch einmal ohne Kontrolle auf dem Bildschirm wieder eintippen zu müssen. Dazu ist der Befehl `dev.print` nützlich. Mit

```
dev.print()
```
Hardcopy auf Drucker

wird Ihre Graphik auf den Drucker kopiert. Mit dem Befehl

```
dev.print(postscript,file="Bildname.ps")
```
Hardcopy in Postscriptdatei

wird Ihre Graphik in eine Postscriptdatei geschrieben.

S-PLUS   Graphik-Devices: `win.printer, postscript`   **S-PLUS**

Neben `win.graph`, bei dem die Ausgabe auf dem Monitor erfolgt, sind `win.printer` und `postscript` zwei weitere Gaphik Devices, bei denen die Ausgabe auf den Windows-Drucker bzw. in eine Postscript-Datei erfolgt. Eine gleichzeitige Ausgabe auf den Bildschirm ist in beiden Fällen nicht möglich. In beiden Fällen kann durch optionale Parameter Einfluß auf die Gestaltung der Graphik, z.B. Höhe, Breite, Orientierung usw. genommen werden.

| S-PLUS | **Kopieren in Graphik-Devices** | S-PLUS |

Die Funktionen dev.print *und* dev.copy *kopieren Graphiken in ein anderes (Ziel-)Graphik-Device. Dabei sind als Argumente neben dem Ziel-Graphik-Device, das automatisch geöffnet wird, mindestens die verlangten Argumente des Ziel-Devices anzugeben. Weitere optionale Argumente des neuen Devices sind möglich. Dies wird in der Hilfe durch die drei Punkte ... (siehe S. 23) angedeutet.*

Achsenbeschriftung und Titel:

Unschön an der jetzigen Ausgabe der Graphik, wenigstens wenn Sie die ursprüngliche Variante wählen, ist die Beschriftung der Achsen. Die Namen der auf der x-Achse dargestellten Variablen werden übereinander geschrieben, hier Gerste und x. Sie können die Achsen mit den Befehlen

xlab="Gersteertrag" und ylab="Dichte"

nach Ihren Wünschen beschriften, jeweils in den entsprechenden Graphikbefehlen. Da hier zwei Graphiken übereinander gezeichnet werden, müssen Sie dieselben Achsenbeschriftungen oder eine leere Achsenbeschriftung wählen. Ihre Funktion könnte dann so aussehen:

```
function(Kl,a,b,nx,mu,sigma)
{
    hist(Gerste, nclass=Kl, probability=T, xlim=c(a,b),
        xlab=" ", ylab=" ",
        main="Histogramm der Gersteerträge
            mit Normalverteilungsdichte")
    par(new=T)
    par(xaxs="d", yaxs="d")
    x <- seq(a, b, length=nx)
    y <- dnorm(x, mu, sigma)
    plot(x, y, type="l", xlab="Gersteertrag", ylab="Dichte")
    par(xaxs=" ", yaxs=" ")
}
```

Die elegantere Variante wäre:

```
function(Kl,a,b,nx,mu,sigma)
{
    hist(Gerste, nclass=Kl, probability=T, xlim=c(a,b),
        xlab="Gersteertrag", ylab="Dichte",
        main="Histogramm der Gersteerträge
            mit Normalverteilungsdichte")
    x <- seq(a, b, length=nx)
    y <- dnorm(x, mu, sigma)
    lines(x, y)
}
```

Achsenbeschriftung und Titel

Mit dem Befehl

```
main="Histogramm der Gersteerträge mit
      Normalverteilungsdichte"
```

wird die Graphik mit einem **Titel** versehen (siehe dazu

```
title
```

im Hilfesystem). Abbildung 23 zeigt das Ergebnis. Sie finden diese Funktion unter dem Namen `prak1.fun` bzw. `prak1a.fun`. Eine Kurzbeschreibung dieser Funktion erhalten Sie durch Eingabe von `P[1]`. **Lösungsfunktion**

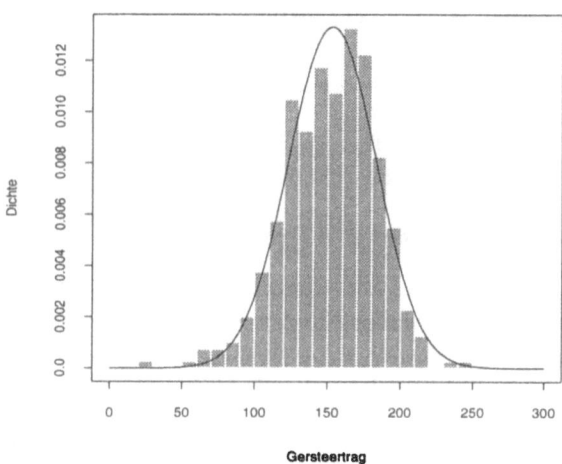

Abbildung 23: Histogramm mit Dichte

| **S-PLUS** | **Achsenbeschriftung, Titel** | **S-PLUS** |

Die Achsen können mit den graphischen Parametern `xlab` *und* `ylab` *beschriftet werden, die als 'High-Level'-Parameter nur innerhalb einer graphischen Funktion verwendet werden dürfen. Der Beschriftungstext ist in Anführungszeichen zu setzen. Genauso wie* `xlab` *und* `ylab`, *d.h. als Argumente zu einer graphischen Funktion, können* `main` *und* `sub` *verwendet werden, die die Graphik mit einem Titel oberhalb der Graphik und einem Untertitel unterhalb der x-Achse versehen. Daneben gibt es die Funktionen* `title` *und* `axes` *mit den optionalen Argumenten* `main`, `sub`, `xlab` *und* `ylab`, *die die gleiche Wirkung für eine schon vorhandene Graphik haben.*

Im Titel der Graphik ist im Wort 'Gersteerträge' der Umlaut 'ä' verwendet worden. Im Editor `fix` dürfen Sie Umlaute in Befehlen verwenden. Wenn Sie den Editor verlassen und sich im Commandsfenster Ihre Funktion mit dem Befehl `histger.fun` auflisten lassen, steht dort `Gersteertr\344ge` statt Gersteerträge. Im Commandsfenster selbst können Sie keine Umlaute eingeben. Wollen Sie vom Commandsfenster aus nachträglich Text in eine Graphik **Umlaute** einfügen, so müssen Sie \344 statt des Umlauts 'ä' eingeben. Um die entsprechenden Zahlen für die anderen Umlaute herauszufinden, schreiben Sie sich mit `fix` eine Funktion `Umlaut.fun` mit den Befehlen `hist(Gerste)` und `title="Ae=Ä, ae=ä, Oe=Ö, oe=ö, Ue=Ü, ue=ü, ss=ß"`. Lassen Sie sich diese Funktion dann mit `Umlaut.fun` auflisten. Wenn Sie Umlaute in Kommentarzeilen eingeben, werden diese beim Auflisten der Funktion im Commandsfenster weggelassen. Das gleiche passiert leider auch, wenn Sie Graphiken mit Umlauten in Postscriptdateien speichern und ausdrucken.

Hypothesentest über den Mittelwert einer Normalverteilung:

Abbildung 23 zeigt, daß für die Gersteeträge eine Normalverteilung ganz gut zu passen scheint. Wir wollen jetzt eine Hypothese über den Parameter μ der Normalverteilung prüfen, z.B. die **Hypothese**:

$$H_0 : \mu \geq 153 \; .$$

t-Test Informieren Sie sich über das Hilfesystem, wie man diese Hypothese mit einem **t-Test** prüft, und führen Sie diesen Test durch (L9).

Textausgabe einer Analyse über den Drucker:

Wollen Sie das Ergebnis dieses Tests oder einer anderen Analyse über den **Drukker ausgeben** lassen, so verwenden Sie den Befehl

objprint
$$\texttt{objprint()}.$$

In den runden Klammern nach `objprint` ist der Befehl für den t-Test einzusetzen (L10).

Erläuterung der Ausgabe beim t-Test:

Im Hilfesystem finden Sie die Formel für die Prüfgröße und außerdem die Annahmen, unter denen dieser Test durchgeführt werden darf. Was bedeuten die Zahlen in der Ausgabe? Mit

Prüfgröße
$$\texttt{t=-0.5671}$$

wird der Wert der Prüfgröße angegeben. Die Anzahl der Freiheitsgrade für die t-Verteilung wird durch

Freiheitsgrade
$$\texttt{df=399}$$

angegeben. Der Stichprobenumfang war `n=400`. Das wichtigste Ergebnis gibt uns der

P-Wert
$$\texttt{p-value=0.2855}.$$

Bedeutung des P-Wertes:

Definition Welche Bedeutung hat dieser **P-Wert**? Laut Definition ist es die Wahrscheinlichkeit unter der Hypothese für die Prüfgröße einen extremeren als den gerade beobachteten Wert zu erhalten.

| S-PLUS | Der t-Test, Objektklasse `htest` | S-PLUS |

Die Funktion `t.test` ist eine von zahlreichen Funktionen in S-PLUS die einen statistischen Hypothesentest durchführen. Weitere „Testfunktionen" sind `binom.test`, `chisq.test`, `cor.test`, `fisher.test`, `friedman.test`, `kruskal.test`, `mantelhaen.test`, `mcnemar.test`, `prop.test`, `var.test` und `wilcox.test`. Die Ausgabe all dieser Tests ist weitgehend standardisiert und folgt einer ganz bestimmten Struktur. S-PLUS erzeugt dabei eine eigene Klasse von Objekten, die Klasse `htest` (Hypotheses Testing Objects). Dabei wird eine Liste erzeugt, die i.allg. aus den Komponenten

`statistic` *Wert der Teststatistik, mit dem Namen der Verteilung unter der Nullhypothese als „Attribut".*

`parameters` *Die Parameter der* `statistic` *unter der Nullhypothese.*

`p.value` *Der P-Wert für den Test.*

`estimate` *Die aus den Daten geschätzten Parameter der Grundgesamtheit, über die eine Hypothese formuliert wurde.*

`null.value` *Die durch die Nullhypothese spezifizierten Werte der Parameter der Grundgesamtheit. Diese Komponente enthält als Attribut die Namen der Parameter.*

`alternative` *Wert des eingegebenen Arguments* `alternative`: `"greater"`, `"less"` *oder* `"two.sided"`.

`method` *Name des verwendeten Tests.*

`data.name` *Name der eingegebenen Daten.*

Diese Struktur wird allgemein unter `htest.object` *in der Hilfe beschrieben. Für jeden Test findet man jedoch auch eine einzelne Beschreibung. Wie die Elemente der Ausgabeliste für eine weitere Verarbeitung angesprochen werden können, folgt an späterer Stelle (S. 57).*

| S-PLUS | Listen | S-PLUS |

Eine Liste ist ein S-PLUS-Objekt, in dem Daten verschiedenen Typs zusammengefaßt werden können, z.B. numerische Werte oder auch Namen, also Daten vom Typ `character`. *Listen werden mit der Funktion* `list` *erzeugt. Der Zugriff auf einzelne Listenelemente wird an späterer Stelle beschrieben (siehe S. 57).*

Die Prüfgröße besitzt bei den gemachten Annahmen unter der Hypothese eine t-Verteilung mit 399 Freiheitsgraden. Also ist der P-Wert mit dieser Verteilung zu berechnen. Die Hypothese war

$$H_0 : \mu \geq 153$$

und die Alternative demnach

$$H_1 : \mu < 153 \ .$$

Die Prüfgröße beim t-Test ist für dieses Beispiel in den Bezeichnungen von S-PLUS :

```
t<-length(x)*(mean(x)-153)/sqrt(var(x)),
```

Prüfgröße

wobei `length(x)` die Länge des Datenvektors x, `mean(x)` der Stichprobenmittelwert $\bar{x}$ und `sqrt(var(x))` die geschätzte Standardabweichung ist. Die Hypothese ist anzuzweifeln, wenn der Mittelwert in der Stichprobe im Vergleich zum ungünstigsten Fall der Hypothese (in diesem Beispiel 153) klein ist. Also führen kleine Werte der Prüfgröße zur Ablehnung der Hypothese, und Werte der Prüfgröße sind extremer als der gerade beobachtete Wert, wenn sie kleiner sind als -0.5671 (für dieses Beispiel). Eine Hypothese ist abzulehnen, wenn der P-Wert klein ist, z.B. kleiner als die klassischerweise verwendeten Signifikanzniveaus (0.05 oder 0.01).

Plot der Dichte- und Verteilungsfunktion der t-Verteilung:

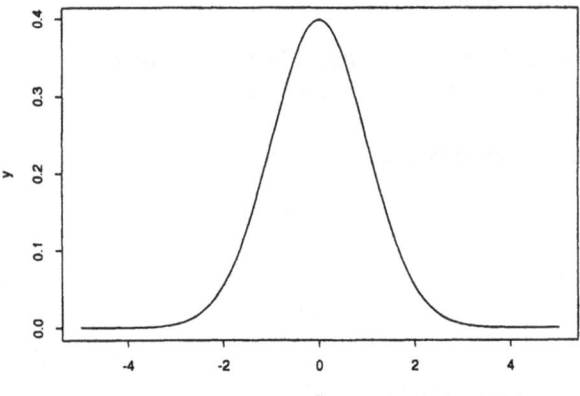

Abbildung 24: Plot der Dichtefunktion der t-Verteilung mit 399 Freiheitsgraden

Stellen Sie die Dichte- und Verteilungsfunktion graphisch dar. Bilden Sie wie bei der Darstellung der Normalverteilungsdichte (siehe oben) im relevanten Bereich auf der x-Achse (etwa von -5 bis 5) eine Folge x von etwa 100 Punkten und berechnen Sie dazu die Werte y der Dichte- bzw. Verteilungsfunktion. Die t-Verteilung finden Sie unter

```
Probability Distributions
```

oder einfach unter

```
t.
```

Mit

$$\text{plot(x,y,type="l")}$$

erhalten Sie die Plots Ihrer Dichte- bzw. Verteilungsfunktion, die in den Abbildungen 24 und 25 zu sehen sind.

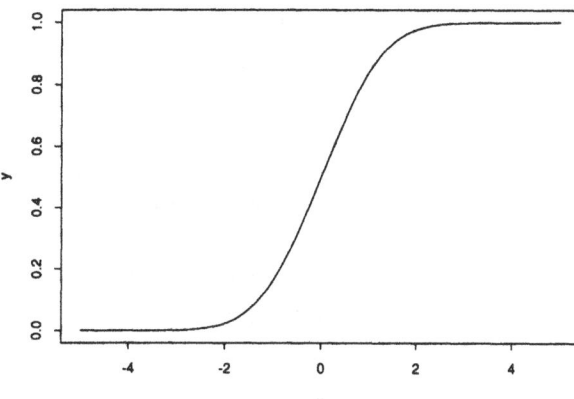

Abbildung 25: Plot der t-Verteilungsfunktion mit 399 Freiheitsgraden

Verfeinern Sie diese Graphiken, indem Sie eigene Achsenbeschriftungen und evtl. einen Titel hinzufügen. Fügen Sie ferner an der Stelle des gerade für die t-Prüfgröße erhaltenen Wertes -0.5671 mit dem Befehl   **Titel**

$$\text{abline()}$$ **Gerade zeichnen**

einen senkrechten Strich ein, bei der Verteilungsfunktion zusätzlich noch einen horizontalen Strich bei $F_{t_{399}}(-0.5671)$, wobei $F_{t_{399}}$ die Verteilungsfunktion der t-Verteilung mit 399 Freiheitsgraden bezeichnet. Die in der Klammer einzugebenden Argumente finden Sie über *'Hilfe'*. **Fügen** Sie noch einen **Text** in die Graphik **ein**, der etwa die Größe des P-Wertes angibt. Die Abbildungen 26 und 27 zeigen, wie die Graphiken aussehen könnten.   **Text in Graphik**

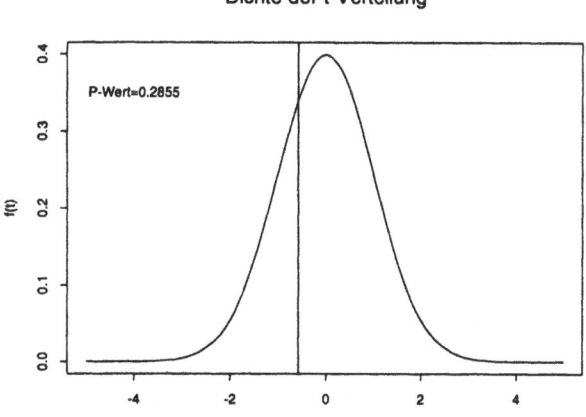

Abbildung 26: Plot der Dichtefunktion

Überlegen Sie sich an Hand der Abbildung 26, durch welche Fläche der P-Wert dargestellt wird. Wo ist der P-Wert in Abbildung 27 abzulesen? Wie würden entsprechende Graphiken für einen zweiseitigen t-Test aussehen? Zur Definition und Interpretation des P-Wertes siehe auch MSLamPC (=Böker: Mehr Statistik lernen am PC, 1991).

S-PLUS   **Geraden zeichnen:** `abline`   **S-PLUS**

Mit der Funktion `abline` können Geraden $y = ax + b$ in Graphiken eingezeichnet werden. Als Argumente sind der Achsenabschnitt a und die Steigung b einzugeben. Für waagerechte bzw. senkrechte Linien sind mit `h=` bzw. `v=` nur die entsprechenden y- bzw. x-Koordinaten einzugeben. Beachten Sie in der Hilfefunktion, daß als Argumente auch 'Regressionsobjekte', S-PLUS-Objekte, die bei einer Regressionsrechnung erzeugt werden und Achsenabschnitt und Steigung einer Regressionsgeraden enthalten, verwendet werden können.

S-PLUS   **Text in Graphik:** `text`   **S-PLUS**

Mit der generischen Funktion `text` kann Text in eine Graphik geschrieben werden. Dabei sind die Koordinaten der Punkte, an denen der Text geschrieben werden soll, einzugeben (siehe Hilfe für weitere Einzelheiten). Der Text ist mit dem optionalen Argument `labels=seq(along=x)` einzugeben. Als Defaultwert für den Text wird `seq(along=x)` verwendet, d.h. eine Folge von Zahlen von 1 bis zur Länge des Objekts x, d.h. die Punkte werden mit $1, 2, 3, \ldots$ entsprechend ihrem Index im Datenvektor x durchnumeriert.

Schreiben Sie sich Funktionen, die Ihnen diese Graphiken erzeugen und bei denen Sie als Argumente den Wert der t-Prüfgröße, die Freiheitsgrade und ggf. erläuternden Text angeben können (`prak2.fun`, `prak3.fun`). Die Lösungsfunktion `prak2a.fun` schraffiert die Fläche, die dem P-Wert entspricht. Schauen Sie sich diese Lösung an. Mit `polygon` wird durch die Argumente x und y eine Folge von Punkten definiert, die sich zum Schluß wieder schließt, d.h. ein geschlossener Polygonzug. Die Fläche im Innern dieses Polygonzuges wird schraffiert. Mit dem optionalen Argument `density` wird die Dichte der Schraffur bestimmt.

S-PLUS   **Fläche schraffieren:** `polygon`   **S-PLUS**

Die Funktion `polygon` fügt einen geschlossenen Polygonzug in eine vorhandene Graphik ein. Als verlangte Argumente sind die Ecken des Polygons einzugeben. Mit dem optionalen Argument `density` kann bestimmt werden, ob und wie stark das Polygon schraffiert werden soll.

Vektoren

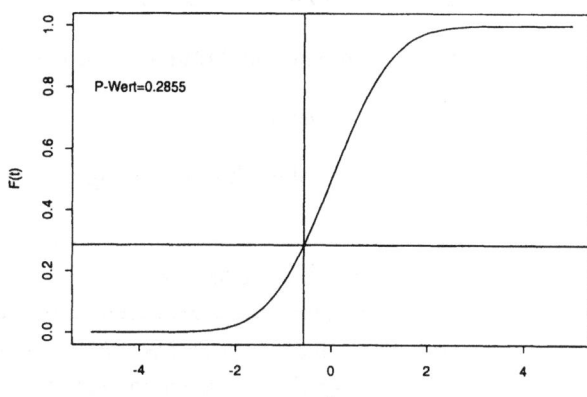

Abbildung 27: Plot der Verteilungsfunktion

Vektoren, Rechenoperationen, Teilmengen:

Die bisher benutzten Daten mit dem Namen gerste bzw. Gerste werden von S-PLUS als **Vektoren** behandelt. Sie hatten die ersten 16 Daten

185, 162, 136, 157, 141, 130, 129, 176, 171, 190, 157, 147, 176, 126, 175, 134

mit dem Befehl scan eingelesen. Sie hätten diese Daten auch mit dem Befehl   **scan**

```
c(185,162,136,157,...,176,126,175,134)
```

einlesen können. Definieren Sie sich auf diese Weise einen Datenvektor mit dem Namen Spiel, der aus den Zahlen

12, 14, 8, 16, 18, 10

besteht, und führen Sie dann die Operationen

```
Spiel*3, Spiel/2, Spiel+10, Spiel-1, Spiel^2,
        sqrt(Spiel)
```

durch. Wie wirken diese Operationen? Wie müßten Sie vorgehen, wenn Sie diese Operationen nacheinander, jedoch immer auf das vorige Ergebnis anwenden wollten und ggf. auf die Zwischenergebnisse zurückgreifen wollten? (L11)

Definieren Sie sich jetzt einen Vektor x, der aus den Zahlen 2, 3, 4 besteht und einen zweiten Vektor y, der aus den Zahlen 1, 2, 3 besteht. Bilden Sie dann

```
x+y, x-y, x*y, x/y und c(x,y).
```

Bilden Sie auch

```
2:4, c(2:4), seq(2:4), 1:3, c(1:3), seq(1:3), c(2:4, 7:9)
```

und andere ähnliche Ausdrücke. Was ergibt

$$\text{seq(1:3) bzw. seq(2:4)?}$$

Informieren Sie sich im Hilfesystem, wie die Argumente des Befehls

$$\text{seq,}$$

den Sie ja schon gelegentlich benutzt haben, korrekt anzugeben sind.

S-PLUS	**Verkettung: Die Funktion c**	**S-PLUS**

Die (generische) Funktion c fügt beliebige S-PLUS-Objekte in einen Vektor oder eine Liste zusammen. Ist unter den eingegebenen Argumenten mindestens eine Liste, so ist das Ergebnis eine Liste, andernfalls ein Vektor.

Definieren Sie sich einen Vektor x, der aus den sechs Zahlen

$$3, 6, 12, 9, 5, 8$$

besteht. Wir wollen lernen, wie man **einzelne Elemente oder Teilmengen** dieses Vektors **ansprechen** kann (Englisch: *'to extract subsets of data'*). Schauen Sie im Hilfesytem im Inhaltsverzeichnis unter

$$\text{data manipulation.}$$

Bilden Sie

$$\text{x[1], x[4], x[1:3], x[2:5], x[-3],}$$
$$\text{x[c(1,3,5)], x[-c(1,3,5)], x[x<7], x[x>8].}$$

S-PLUS	**Zahlenfolgen: seq**	**S-PLUS**

Die Funktion seq erzeugt eine Folge von Zahlen mit gleichem Abstand zwischen zwei aufeinanderfolgenden Zahlen. Es können der Anfangspunkt from, der Endpunkt to, der Abstand by und die Länge length der Folge als optionale Argumente, jedoch nicht alle vier zusammen angegeben werden. Wenn drei dieser Argumente angegeben werden, wird das vierte durch diese drei bestimmt. Die Defaultwerte für from, to und by sind 1.

S-PLUS	**Zugriff auf Objektteile: [ ]**	**S-PLUS**

Eckige Klammern [ ] sind eine generische Funktion und dienen dazu, einzelne Elemente oder Teile eines Vektors (oder anderer S-PLUS-Objekte) anzusprechen. In den eckigen Klammern sind die Indizes anzugeben. Es kann ein einzelner Index, ein Vektor von Indizes, ein logischer Ausdruck oder auch ein Name angegeben werden. Steht der Ausdruck mit eckigen Klammern auf der linken Seite einer Zuweisung, wird dieser Teil des Objekts ersetzt.

Plot der empirischen Verteilungsfunktion

Plot einer empirischen Verteilungsfunktion:

Jetzt soll eine weitere graphische Darstellung der Daten betrachtet werden, die *empirische Verteilungsfunktion*. Diese ist an der Stelle x definiert als der Anteil der Beobachtungen, die kleiner oder gleich diesem Wert x sind. Dazu **sortiert** (Englisch: *'to sort'*) man am besten die Beobachtungen nach der Größe, trägt die sortierten Beobachtungen auf der x-Achse gegen die Werte $i/n; i = 1, ..., n$ auf der y-Achse ab, wobei n die Anzahl der Beobachtungen ist.

sortieren

S-PLUS	Sortieren: `sort`	S-PLUS

Die Funktion `sort` sortiert einen Datenvektor in aufsteigender Größenordnung.

Um den typischen Verlauf einer empirischen Verteilungsfunktion kennenzulernen, wollen wir sie zunächst nur für einen Teil der Daten, etwa die ersten 10 Daten aus der Datei `Gerste`, darstellen. Definieren Sie also einen Vektor `x`, der aus den ersten 10 Daten der Datei `Gerste` besteht, sortieren Sie diese Daten, und plotten Sie diese Daten mit dem Befehl

```
plot
```

gegen einen Vektor `y`, der aus den Zahlen $i/10; i = 1, ..., 10$ besteht.

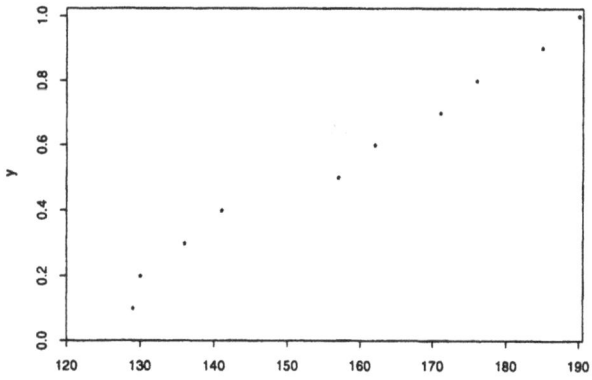

Abbildung 28: Empirische Verteilungsfunktion der ersten 10 Daten

Abbildung 28 zeigt diesen Plot, in dem die eingezeichneten Punkte noch nicht verbunden sind. Das hatten wir früher mit dem graphischen Parameter

```
type="l"
```

type

innerhalb des Befehls `plot`, d.h. als Argument zu `plot` erreicht. Damit würden aber die Punkte geradlinig verbunden. Die empirische Verteilungsfunktion ist jedoch konstant zwischen den eingetragenen Punkten und springt beim nächsten Punkt jeweils um $1/n = 1/10$, d.h. wir brauchen Treppenstufen (E: *'stairsteps'*). Suchen Sie unter

Treppenstufen

`type`

im Hilfesystem. Abbildung 29 zeigt den fertigen Plot (`prak4.fun`).

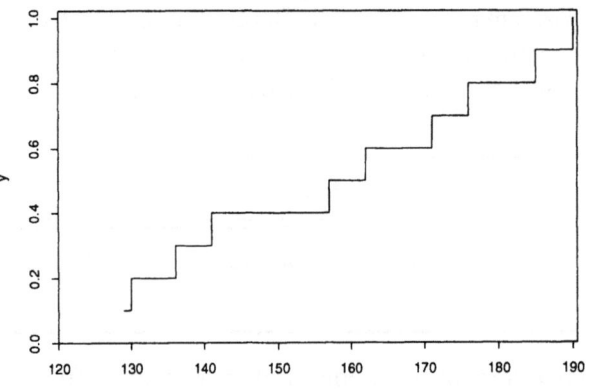

Abbildung 29: Empirische Verteilungsfunktion der ersten 10 Daten

xlim

Diese Graphik sieht immer noch nicht sehr schön aus. Sie möchten vielleicht gern erreichen, daß die empirische Verteilungsfunktion am Anfang bei 0 beginnt und am Ende bei 1 noch etwas weiterläuft. Definieren Sie dazu die Grenzen der x-Achse bei 100 und 200 (siehe oben: `xlim`). Den x-Vektor müssen Sie mit dem Befehl

Vektoren verbinden

```
x<-c(100, x, 200)
```

Titel und Achsenbeschriftung

mit diesen beiden Punkten **verbinden**, ebenso den y-Vektor mit den Punkten 0 und 1. Außerdem können Sie noch die Achsen beschriften und einen Titel einfügen. Abbildung 30 zeigt das Resultat (`prak5.fun`).

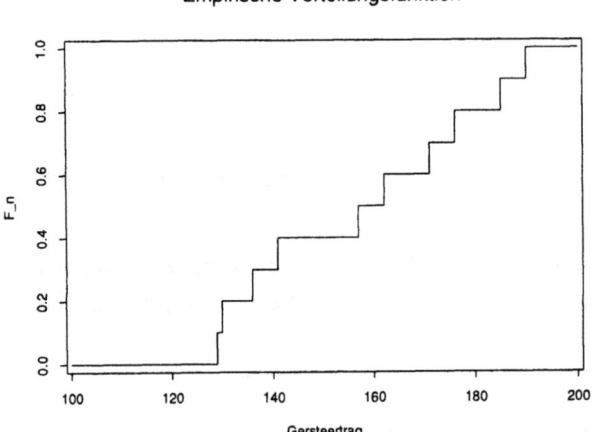

Abbildung 30: Empirische Verteilungsfunktion der ersten 10 Daten

Jetzt soll die empirische Verteilungsfunktion aller Daten aus der Datei `Gerste` betrachtet werden. Um für beliebige Daten empirische Verteilungsfunktionen

Plot der empirischen Verteilungsfunktion

zeichnen zu können, wollen wir eine Funktion mit dem Namen `Empir.fun` schreiben, deren einziges Argument `Daten` sein soll. Wollen Sie also die empirische Verteilungsfunktion der Datei `Gerste` betrachten, brauchen Sie nur noch

    Empir.fun(Gerste)

einzugeben. Wie können Sie das erreichen? Sie müssen `Daten` sortieren, nennen den sortierten Vektor `x` und plotten dann `x` gegen `y`, wobei `y` wie bisher die Zahlen $i/n; i = 1, ..., n$ enthält, wobei n die Länge (E: length) des Vektors `Daten` ist, die Sie innerhalb der Funktion bestimmen müssen. Abbildung 31 zeigt das Ergebnis für die Datei `Gerste` (`prak6.fun`).

Länge bestimmen

| S-PLUS | **Punkt- und Linientypen:** `type` | S-PLUS |

Der graphische Parameter `type` ist ein 'High-Level'-Parameter und darf deshalb nur innerhalb einer graphischen Funktion wie ein Argument verwendet werden. Er bestimmt die Art des Plots und besteht aus einem einzelnen Buchstaben, der in Anführungszeichen anzugeben ist: `"p"` für Punkte, `"l"` für Linien, `"b"` für Punkte und Linien, die an den Punkten unterbrochen werden, `"o"` für überlagerte Punkte und Linien, `"n"` für keine Plotsymbole und `"h"` für vertikale Linien.

| S-PLUS | **Länge eines Objekts:** `length` | S-PLUS |

Die (generische) Funktion `length` bestimmt die Länge, d.h. die Anzahl der Elemente eines Objekts.

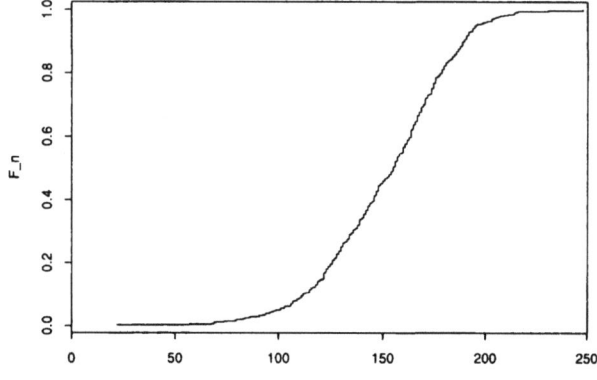

Abbildung 31: Empirische Verteilungsfunktion der Gersteerträge

Fügen Sie in Ihrer Funktion noch die Argumente `Titel` und `xLabel` hinzu, so daß Sie den Titel der Graphik und die Achsenbeschriftung an der x-Achse variieren können. Sie haben weiter oben schon gelernt, wie man einen Titel einfügt

variable Titel und Achsenbeschriftung

und wie man die Achsen beschriftet (prak7.fun). Beim Aufruf Ihrer Funktion sind dann Titel und Achsenbeschriftung in Anführungsstrichen anzugeben, z.B. so:

```
Empir.fun(Gerste,"Empirische Verteilungsfunktion zur
           Datei Gerste", "Gersteertrag")
```

Betrachten Sie jetzt mit dieser Funktion auch andere der mitgelieferten Datensätze (*RINDESP.DAT, KNOTENSP.DAT, FLUGSP.DAT*). Es handelt sich bei diesen Daten um die maschinellen Entrindungszeiten (in Min.) von Bäumen, die Abstände zwischen Knoten eines Garns bzw. die Flugzeiten eines Linienfluges von Amsterdam nach London. (Siehe auch MSLamPC, Böker 1991, S. 290. Die Dateien sind dort ähnlich bezeichnet.)

Zufallszahlen, Vergleich von Verteilungsfunktion und empirischer Verteilungsfunktion:

U(0,1)   Erzeugen Sie mit dem in S-PLUS implementierten Zufallszahlengenerator Realisationen von im Intervall $[0,1]$ rechteckverteilten Zufallsvariablen ($U(0,1)$, U für uniform, L12). Schauen Sie unter

```
Probability Distributions and Random Numbers
```

im Hilfesystem nach (siehe auch S. 26), und betrachten Sie dann die empirische Verteilungsfunktion, lassen Sie den Stichprobenumfang n allmählich wachsen. Öffnen Sie dazu mehrere Graphikfenster, die Sie nebeneinander anordnen. Wie sieht die empirische Verteilungsfunktion schließlich aus? Wie sieht die theoretische Verteilungsfunktion von $U(0,1)$-verteilten Daten aus? Zeichnen Sie diese mit dem Befehl

Gerade zeichnen   abline

in die Graphik ein. Schreiben Sie dafür eine Funktion, die nur vom Stichprobenumfang n abhängt (prak8.fun). Am besten ändern Sie dafür eine schon vorhandene Funktion, der Sie jedoch vorher einen neuen Namen zuweisen sollten, z.B. durch die Zuweisung

Namen zuweisen   EmpirU.fun <- Empir.fun.

Achten Sie darauf, daß Sie immer die gleichen Achsengrenzen erhalten (siehe oben).

N(0,1)   Schreiben Sie eine ähnliche Funktion für die Standardnormalverteilung. Die Verteilungsfunktion der Normalverteilung soll über die Graphik der empirischen Verteilungsfunktion der simulierten Daten gezeichnet werden. Ähnliches haben Sie weiter oben schon gemacht (prak9.fun). Abbildung 32 zeigt ein mögliches Ergebnis.

S-PLUS-Objekte

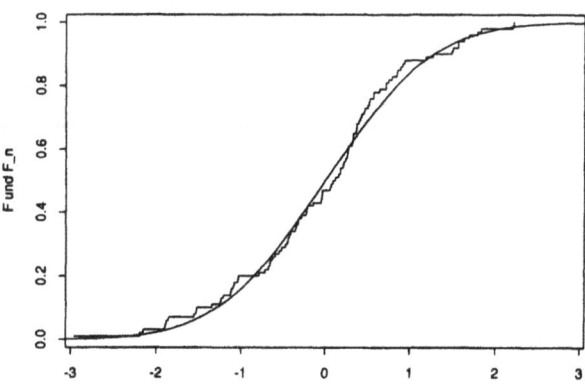

Abbildung 32: F und F_n für 100 $N(0,1)$-Zufallszahlen

Die S-PLUS-Funktion `cdf.compare` liefert ein ähnliches Ergebnis wie Abbildung 32. Sie vergleicht zwei empirische Verteilungsfunktionen bzw. eine empirische Verteilungsfunktion mit einer hypothetischen Verteilungsfunktion.

S-PLUS-Objekte; Namen, Auflisten, Löschen:

Sie haben jetzt schon mehrere Funktionen geschrieben und verschiedene Datenvektoren definiert. Achten Sie darauf, daß Sie keine Namen doppelt vergeben, denn dann wird die ursprüngliche Funktion bzw. der ursprüngliche Datenvektor überschrieben. Wenn Sie sich nicht sicher sind, ob Sie einen Namen schon vergeben haben, tippen Sie ihn einfach ein, z.B. **Namen**

> `Empir.fun` oder `Gerste.`

Objekt auflisten

Da diese Objekte vorhanden sind, werden Ihnen die Funktion bzw. die Daten aufgelistet, andernfalls erhalten Sie eine Fehlermeldung. Wie wir schon für Funktionen verabredet haben, immer die Endung `.fun` zu verwenden, empfiehlt es sich, auch für Datenvektoren immer die Endung `.vec` und später für Matrizen immer die Endung `.mat` zu verwenden. Sie können sich dann z.B. **alle** vorhandenen **Funktionen** (natürlich nur die, die tatsächlich die Endung `.fun` haben) **auflisten** lassen, indem Sie den Befehl

> `objects(pattern="*.fun")`

Teilmengen auflisten

eingeben (ab S-PLUS-Version 3.3 siehe auch Anhang A1). Es ist zu empfehlen, gelegentlich S-PLUS-Objekte, die nicht mehr benötigt werden, zu löschen. Dazu hatten Sie früher schon den Befehl

> `rm`

kennengelernt, mit dem jedoch nur einzelne Objekte gelöscht werden können. Mit dem Befehl

> `remove(objects(pattern="ger*.vec"))`

löschen

werden alle Objekte mit der Erweiterung vec gelöscht, die mit ger beginnen.

S-PLUS   Objekte teilweise auflisten: `objects, pattern`   **S-PLUS**

Die Funktion `objects` *listet defaultmäßig alle Objekte in der aktuellen Datenbank auf. Mit dem optionalen Argument* `pattern` *kann ein Muster angegeben werden. Nur die Objekte mit diesem Muster werden aufgelistet. Dabei können wie in DOS 'Joker' oder 'Wildcards' verwendet werden. Dabei steht „ ? " für ein Zeichen, „ * " für mehrere Zeichen. Ferner können in eckigen Klammern eine Reihe von Zeichen eingegeben werden. Steht in einem Objektnamen an der entsprechenden Stelle eines der Zeichen aus der Klammer, so wird dieser aufgelistet. Genauere Informationen findet man unter* `grep` *in der Hilfe. Mit dem optionalen Argument* `where` *kann die Datenbank entsprechend der Position der Suchliste (siehe S. 72) angegeben werden.*

Nichtparametrische Dichteschätzung:

Histogramm   Wir wollen eine weitere Graphik kennenlernen. Das Histogramm einer Datenmenge gibt Ihnen einen ersten Eindruck, wie die Daten verteilt sein könnten. Das Histogramm schätzt die Dichtefunktion. Das ist natürlich ein sehr grober oder ein rauher Schätzer. Als Dichtefunktion stellen wir uns eine glatte Kurve ohne Treppenstufen vor. Mit den Methoden der nichtparametrischen Dichteschätzung ist es möglich, glatte Schätzer der Dichtefunktion zu erhalten.

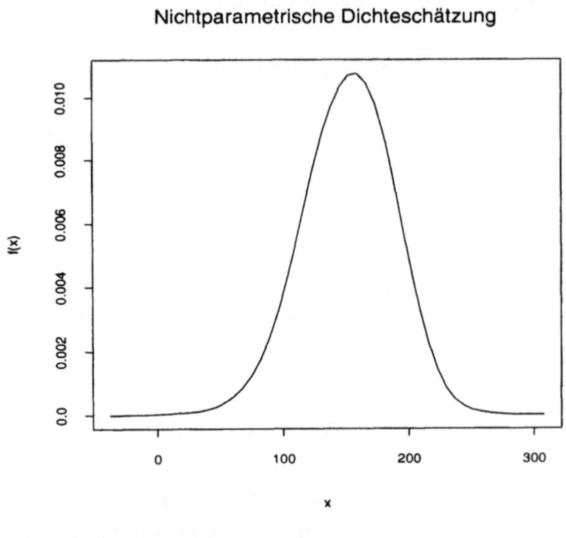

Abbildung 33: Glatte Dichteschätzung

Man kann sich das so vorstellen, daß zur Schätzung der Dichte an einer Stelle x alle benachbarten Datenpunkte innerhalb einer gewissen Bandbreite (E: *'bandwidth'*) mit einer bestimmten Gewichtung herangezogen werden. Im einfachsten Fall werden alle Punkte innerhalb der Bandbreite gleich gewichtet. Sinnvoller ist es jedoch, entfernteren Punkten ein geringeres Gewicht zu geben, da sie weniger zur Dichte an der Stelle x beitragen. Die Dichte an der Stelle x ist dann die

Summe all dieser Gewichte. Insgesamt muß die geschätzte Dichte so normiert werden, daß die Fläche unterhalb der geschätzten Dichte 1 ergibt. Die Anzahl der Punkte, für die die Dichte geschätzt wird, die Bandbreite und die Gewichtsfunktion (E:*'kernel'*) können variiert werden. Informieren Sie sich im *'User's Manual'* oder in der Hilfe unter `density` und hier auch in den Beispielen, wie man diese Plots der Dichte (E: *'density'*) erhält. Variieren Sie die Bandbreite und ggf. auch die Gewichtsfunktion und versuchen Sie, möglichst glatte Schätzungen zu bekommen. Verwenden Sie die vorhandenen Datensätze. Eine Beschreibung dieser Methode und weiterführende Literatur finden Sie auch im Hilfesystem. Abbildung 33 und 34 zeigen eine glatte bzw. rauhe Dichteschätzung der Gerstedaten (`prak10.fun`).

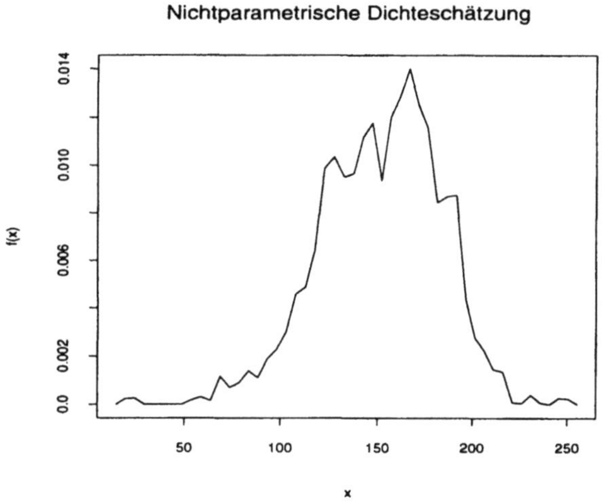

Abbildung 34: Rauhe Dichteschätzung

S-PLUS	Dichteschätzung: `density`	S-PLUS

Die Funktion `density` *schätzt zu gegebenen Daten eine Dichtefunktion, d.h. sie gibt die x- und y-Koordinaten der geschätzten Dichte aus. Um eine graphische Darstellung der geschätzten Dichte zu erhalten, ist die Funktion* `plot` *auf die Ausgabe von* `density` *anzuwenden. Die wichtigsten optionalen Parameter sind:* `n=50` *für die Anzahl der Punkte (in gleichen Abständen auf der x-Achse, für die die Dichte berechnet werden soll,* `window="g"` *für die Gewichtsfunktion (Zur Auswahl stehen:* `"cosine"`, `"gaussian"`, `"rectangular"` *und* `"triangular"`, *wobei die Namen die Gestalt der Gewichtsfunktion erklären. Es reicht die Angabe des ersten Buchstabens.) und* `width` *für die Bandbreite.*

Quantil-Quantil-Plots, Normalverteilungsplots:

Abbildung 34 läßt durchaus die Vermutung zu, daß die Gerstedaten normalverteilt sein könnten. Eine graphische Überprüfungsmöglichkeit sind die Quantil-Quantil Plots (siehe MSLamPC, Böker 1991, unter Plots auf Normalpapier oder

Wahrscheinlichkeitspapier). Bei diesen Plots werden in S-PLUS defaultmäßig auf der Ordinate die sortierten Daten und auf der Abszisse Quantile der unterstellten Verteilung abgetragen. Die Skalierung auf der Abszisse ist so eingerichtet, daß bei passender Verteilung die eingetragenen Punkte annähernd auf einer Geraden liegen. Zeichnen Sie sich solch einen Quantil-Quantil Plot für die Gerstedaten und die Normalverteilung. Informieren Sie sich im Handbuch oder über das Hilfesystem unter

qqplots,

wie man solch einen Plot bekommt. Zeichnen Sie auch eine Gerade ein und versehen Sie Ihre Graphik mit Titel und Achsenbeschriftungen (prak11.fun).

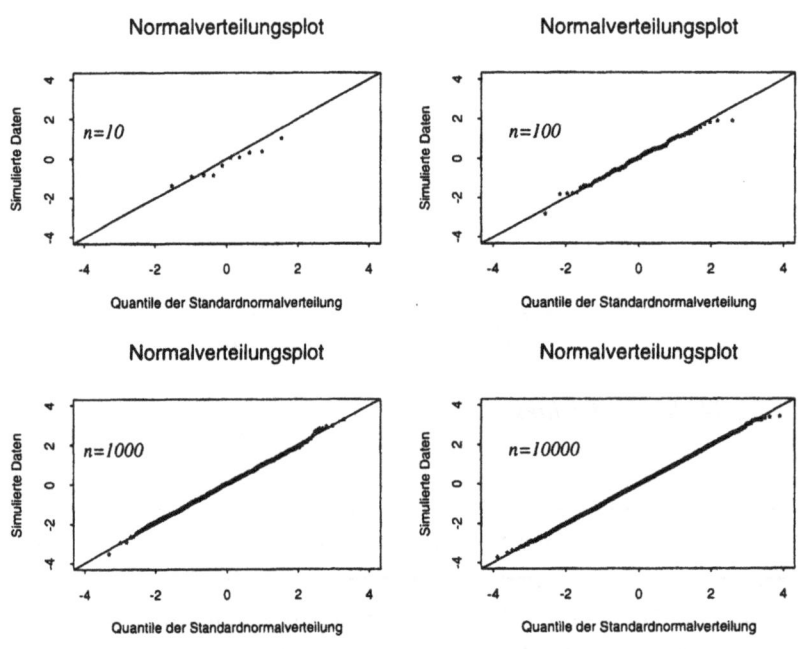

Abbildung 35: Normalverteilungsplots für $N(0,1)$-Zufallszahlen

Simulation

N(0,1)

Vermutlich wird es Ihnen wegen mangelnder Erfahrung mit solchen Plots schwer fallen zu entscheiden, ob die Punkte nah genug an der Geraden liegen, d.h. ob eine Normalverteilung vorliegen könnte. Wir wollen deshalb normalverteilte Zufallszahlen mit dem gleichen Stichprobenumfang $n = 400$ simulieren und dann sehen, ob unser Bild für die Gerstedaten ungewöhnlich oder bei normalverteilten Daten durchaus möglich ist. Um diese Bilder besser vergleichen zu können, wäre es schön, sie auf einem Bildschirm gleichzeitig zu haben, wie es die Abbildung 35 zeigt. Dort sind normalverteilte Zufallszahlen für vier verschiedene Stichprobenumfänge simuliert worden und jeweils in einem Normalverteilungsplot dargestellt. Die eingezeichnete Gerade ist in diesem Fall die Diagonale, auf der die Punkte bei Vorliegen einer $N(0,1)$-Verteilung liegen sollten. Für die x- und y-Achsen sind die gleichen Grenzen gewählt worden. Man sieht, daß die Punkte sich mit wachsendem Stichprobenumfang der Geraden nähern (prak12.fun).

S-PLUS	Normalverteilungsplot: qqnorm	S-PLUS

Mit der generischen Funktion qqnorm *werden Normalverteilungsplots gezeichnet. Graphische Parameter (z.B.* xlim, xlab, ylab, main*) können als Argumente von* qqnorm *verwendet werden. Mit dem optionalen Parameter (siehe* qqnorm.default*)* datax=F *kann bestimmt werden, ob die Daten auf der x- oder y-Achse gezeichnet werden sollen. Setzt man für den optionalen Parameter* plot=T *anstelle des Defaultwertes 'T' den Wert 'F' für* False*, wird keine Graphik ausgegeben. Stattdessen werden die Koordinaten der Punkte, die sonst gezeichnet worden wären, in eine Liste geschrieben. Dies ist jedoch nur mit einer Namenszuweisung möglich, d.h. die Werte werden nicht auf dem Bildschirm ausgegeben, befinden sich aber in der temporären Datei* .Last.value*. Mit der Funktion* qqline *kann eine Gerade in den Normalverteilungsplot gezeichnet werden. Die Gerade wird durch das 1. und 3. Quartil der Daten und die entsprechenden Quantile der Standardnormalverteilung gelegt. Tatsächlich werden Achsenabschnitt und Steigung der Geraden an die Funktion* abline *übergeben, die dann die Gerade zeichnet. Daher ist es möglich, graphische Parameter wie in* abline *anzugeben, z.B. den Linientyp oder die Farbe der Geraden.*

Multiple Plot Layout:

Informieren Sie sich im Handbuch unter

```
Multiple Plot Layout
```

oder im Hilfesystem unter den graphischen Parametern par, speziell bei den Layoutparametern, wie man diese Aufteilung erreichen kann. Zeichnen Sie dann den Normalverteilungsplot Ihrer Daten in die linke obere Ecke und in die übrigen drei Felder Normalverteilungsplots für simulierte Daten (mit dem gleichen Stichprobenumfang, den Sie wie oben innerhalb Ihrer Funktion bestimmen müssen, prak13.fun). Könnten die vorliegenden Beobachtungen der Gerstedaten normalverteilt sein?

Graphische Parameter

In der Literatur findet man auch QQ-Plots mit einem *'envelope'*, d.h. einer Einhüllenden. Neben dem QQ-Plot der Daten werden QQ-Plots für simulierte Daten mit dem gleichen Stichprobenumfang berechnet und die Maxima und Minima dieser Plots als *Einhüllende* eingezeichnet (siehe Venables und Ripley (1994), S. 81, dort wird auch eine S-PLUS-Funktion angegeben).

QQ-Plots für andere Verteilungen:

Versuchen Sie auch QQ-Plots für andere Verteilungen zu erstellen (Hinweise und Beispiele finden Sie im Handbuch) und arrangieren Sie mehrere Plots auf einer Seite wie in Abbildung 36. Untersuchen Sie die vorhandenen Datensätze mit diesen QQ-Plots (prak14.fun). Was passiert, wenn Sie nach einer Graphik mit mehreren Bildern pro Seite eine Funktion aufrufen, die normalerweise nur eine Graphik pro Seite enthält? Welchen Befehl müssen Sie deshalb am Ende einer Funktion mit multiplem Layout hinzufügen (L13)?

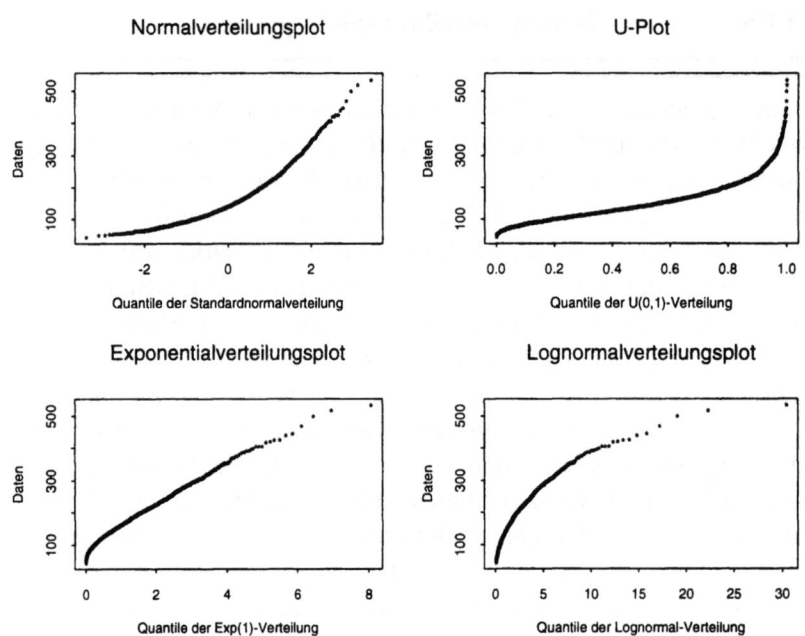

Abbildung 36: Quantil-Quantil-Plots für 4 Verteilungen

S-PLUS	Multiple Plot Layout: `mfrow`, `mfcol`	S-PLUS

Mit den graphischen Parametern `mfrow=c(m,n)` *und* `mfcol=c(m,n)` *erreicht man, daß mehrere Graphiken auf einer Seite in Form einer* $m \times n$*-Matrix ausgegeben werden. Dabei werden zunächst die Zeilen bzw. die Spalten aufgefüllt. Diese Parameter gehören zu den Layout-Parametern, die nur mit der Funktion* `par`, *also nicht innerhalb einer graphischen Funktion geändert werden können. Sie gelten bis zur nächsten Änderung mit* `mfrow` *oder* `mfcol`. *Man informiere sich im Handbuch, wie diese Parameter andere Parameter beeinflussen.*

Funktionen; Argumente auflisten, Definitionen:

Sie haben jetzt schon viele eigene und auch eingebaute S-PLUS-Funktionen benutzt. Falls Sie sich nicht mehr an die **Argumente** einer Funktion erinnern können, so können Sie sich diese mit dem Befehl

$$\texttt{args()}$$

auflisten lassen, z.B.

$$\texttt{args(hist)}.$$

Lösungsfunktionen

Wollen Sie sich die **Definition** einer Funktion **anschauen**, so ist der Funktionsname einzugeben, z.B. `histger.fun`. Einen Kurzüberblick über alle Lösungsfunktionen `prak*.fun` erhalten Sie durch Eingabe des Buchstabens `P`. Mit

Box-Cox Transformation

```
P[3]
```

erhalten Sie nur eine Information über `prak3.fun`.

S-PLUS	**Quantil-Quantil-Plots:** `qqplot`	**S-PLUS**

Die Funktion `qqplot` *zeichnet QQ-Plots für beliebige Verteilungen bzw. vergleicht auch zwei empirische Verteilungen. Sie verlangt zwei numerische Vektoren als Argumente. Will man empirische Daten mit einer hypothetischen Verteilung vergleichen, so enthält einer der Vektoren die Daten, der andere die Quantile der unterstellten Verteilung. Dabei sind zunächst mit der Funktion* `ppoints` *die Punkte zu bestimmen, für die die Quantile berechnet werden sollen. Die Funktion* `ppoints` *verlangt das Argument* n, *wobei* n *entweder der Stichprobenumfang oder der Datensatz selbst ist. In letzterem Fall wird der Stichprobenumfang innerhalb der Funktion* `ppoints` *mit der Funktion* `length` *bestimmt. Standardmäßig berechnet* `ppoints` *für den Stichprobenumfang m die Punkte $(i - a)/(m + 1 - 2a)$ mit $a = 0.5$, falls $m > 10$ und $a = 0.375$, falls $m \leq 10$. Optional kann a zwischen 0 und 1 verändert werden. Die Quantile werden mit den entsprechenden q-Funktionen (z.B.* `qexp` *oder* `qlnorm` *für die Exponential- oder Lognormalverteilung bestimmt (siehe S. 26)).*

Normalverteilungsplot nach Box-Cox Transformation:

Manchmal sind Transformationen hilfreich, um ein Modell an Daten anzupassen. Bekannt sind die Box-Cox Transformationen, die folgendermaßen definiert sind:

$$y(\lambda) = \begin{cases} (y^\lambda - 1)/\lambda & \lambda \neq 0 \\ \log y & \lambda = 0 \end{cases}.$$

Die Transformation hängt von einem Parameter λ ab. Oft läßt sich bei geschickter Wahl von λ eine Normalverteilung an die transformierten Daten anpassen. Schreiben Sie eine Funktion mit den Argumenten `Daten` und λ, die diese Transformation ausführt und anschließend einen Normalverteilungsplot zeichnet. Sie müssen zunächst abfragen, ob $\lambda = 0$ ist. Informieren sie sich über **logische Vergleiche** (E: '*Comparison*'), insbesondere welches Zeichen für „=" zu verwenden ist. **Wenn** diese Bedingung erfüllt ist, dann ist der eine Teil der Definition von y^λ gültig, **sonst** gilt der andere (E: '*if... else*').   **if ... else**

Text an variablem Ort in einer Graphik:

Vielleicht möchten Sie noch einen Text in die Graphik hineinschreiben, der zum Beispiel angibt, welches λ Sie verwendet haben. Lassen Sie also diesen Text als weiteres Argument in Ihrer Funktion zu. Sie möchten den Text jedoch nicht an einer festen Stelle plazieren, da Sie nicht im voraus wissen, wo die Graphik Punkte zeichnet. Hier kann der Befehl

```
locator
```

hilfreich sein (L14, prak15.fun). Probieren Sie Ihre Funktion an der Datei *RINDESP.DAT* aus. Falls Sie jetzt ein multiples Layout wünschen, Ihre Funktion jedoch nur für eine Graphik geschrieben haben, so können Sie den entsprechenden Befehl auch vor der ersten Graphik eingeben (L15).

S-PLUS	Vergleichsoperatoren	S-PLUS

Die folgenden Vergleichsoperatoren stehen zur Verfügung:

Operator Bedeutung

> `>` *größer als*
>
> `<` *kleiner als*
>
> `>=` *größer oder gleich*
>
> `<=` *kleiner oder gleich*
>
> `==` *gleich*
>
> `!=` *nicht gleich*

Einzugeben sind zwei Vektoren, die vor bzw. nach dem Operatorzeichen zu stehen haben. Das Ergebnis ist ein logischer Vektor, der aus Elementen TRUE *und* FALSE *besteht, je nachdem ob der elementweise durchgeführte Vergleich richtig oder falsch ist.*

S-PLUS	Bedingungen: if und if ... else	S-PLUS

Mit if *bzw.* if-else *können bedingte Anweisungen durchgeführt werden. Die Syntax ist*

```
if(test) true.expr
if(test) true.expr. else false.expr
```

Dabei ist test *ein logischer Vergleich der Länge 1. Wenn dieser Vergleich wahr ist, wird* true.expr *durchgeführt. Wenn* test *falsch ist, wird* true.expr *nicht durchgeführt, im Falle von* if-else *wird dann* false.expr *durchgeführt.*

S-PLUS	Koordinaten bestimmen: locator	S-PLUS

Die Funktion locator *bestimmt interaktiv die Koordinaten eines Punktes, den man mit der Maustaste anklickt. Optional können die angeklickten Punkte eingezeichnet oder durch Linien verbunden werden. Die wichtigsten optionalen Argumente sind* n=500 *und* type="n", *wobei* n *die Anzahl der Punkte und* type *(siehe S. 45) der Punkt- oder Linientyp ist.*

Anpassungstests:

Für die Gerstedaten scheint die Annahme einer Normalverteilung durchaus geeignet zu sein. Wir wollen jetzt zwei Anpassungstests kennenlernen, um die Hypothese zu überprüfen, daß die Daten einer Normalverteilung entstammen. Um diese Prüfgrößen zu motivieren, experimentieren Sie bitte etwas mit der Funktion prak16.fun. Eine typische Ausgabe ist in Abbildung 37 zu sehen. Die Funktion zieht zwei Stichproben aus der $N(0,1)$-Verteilung und zeichnet jeweils links die empirische Verteilungsfunktion F_n zusammen mit der $N(0,1)$-Verteilungsfunktion F und rechts das Histogramm zusammen mit der $N(0,1)$-Dichte f. In Analogie zur empirischen Verteilungsfunktion F_n ist dort für das Histogramm f_n geschrieben, da man es als empirische Dichte auffassen kann. Sie sehen, daß sich die empirische Verteilungsfunktion mit wachsendem Stichprobenumfang n der Verteilungsfunktion nähert.

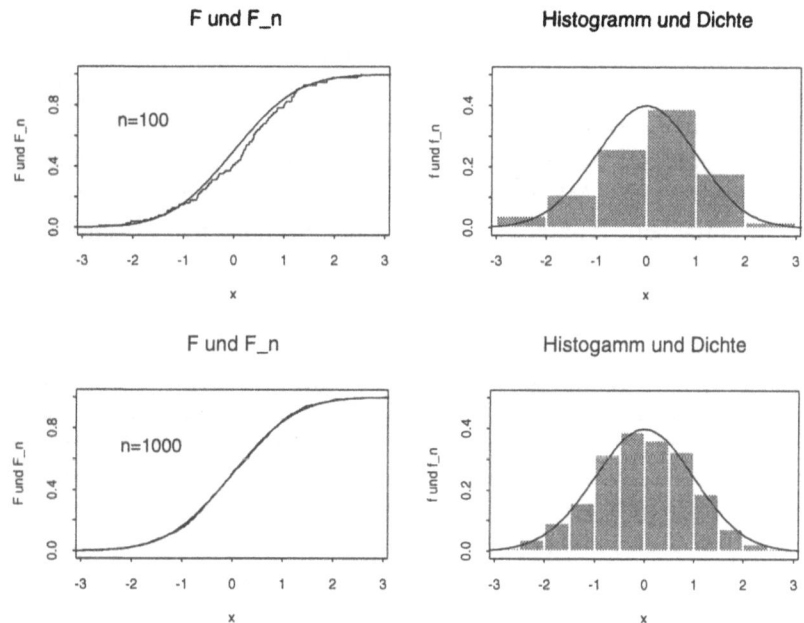

Abbildung 37: F und F_n bzw. f und f_n für $N(0,1)$-Zufallszahlen

Der Anpassungstest von **Kolmogorov-Smirnov** mißt den maximalen Abstand zwischen der empirischen Verteilungsfunktion und der Verteilungsfunktion unter der Hypothese. Rechts im Bild sehen Sie, daß sich das Histogramm mit wachsendem n der Dichte nähert. Die beobachteten relativen Häufigkeiten, die durch das Histogramm dargestellt werden, nähern sich den erwarteten relativen Häufigkeiten, die durch die Dichtefunktion dargestellt werden. Der **Chiquadratanpassungstest** von Pearson aus dem Jahre 1900 mißt die Abweichungen zwischen den beobachteten und erwarteten Häufigkeiten. Informieren Sie sich unter

ks.gof und chisq.gof,

wie diese Tests durchzuführen sind. Wir wollen die Gerstedaten auf Normalverteilung prüfen. Achten Sie darauf, daß man zwei verschiedene Hypothesen prüfen kann, nämlich:

1.) Die Daten sind normalverteilt.

2.) Die Daten sind normalverteilt mit $\mu = 152$ und $\sigma = 31$.

Im ersten Fall hat man nichts über die Parameter ausgesagt. Man prüft nur, ob irgendeine Normalverteilung aus der großen Familie aller Normalverteilungen paßt. Man prüft eine zusammengesetzte Hypothese (*'composite hypothesis'*). Im zweiten Fall prüft man, ob die Daten normalverteilt sind mit $\mu = 152$ und $\sigma = 31$, die Hypothese ist völlig festgelegt, man prüft eine einfache Hypothese (simple hypothesis). Entsprechend sind auch die Verteilungen unter beiden Hypothesen unterschiedlich, was sich in den P-Werten ausdrücken muß. Bei der zusammengesetzten Hypothese werden die Parameter aus den Daten geschätzt. Führen Sie zunächst den KS-Test für die zusammengesetzte Hypothese durch (L16). Prüfen Sie dann die Hypothese, daß die Daten aus der Datei `Gerste` normalverteilt sind mit $\mu = 152$ und $\sigma = 31$ (schauen Sie bei der Normalverteilung, wie die Parameter bezeichnet werden müssen, L17), ferner daß die Daten normalverteilt sind, wobei μ und σ jetzt gleich den aus den Daten geschätzten Werten sind (L18). Welchen Schätzer verwendet S-PLUS bei der zusammengesetzten Hypothese? Ist das der Maximum-Likelihood-Schätzer (siehe Anhang A8), im folgenden mit ML-Schätzer bezeichnet (L19)? Vergleichen Sie die P-Werte der einfachen Hypothese mit denen der zusammengesetzten Hypothese, insbesondere wenn Sie in der einfachen Hypothese die Schätzwerte eingeben.

ML-Schätzer

S-PLUS	**Kolmogorov-Smirnov-Test:** `ks.gof`	**S-PLUS**

Die Funktion `ks.gof` *führt einen Ein- bzw. Zweistichproben-Kolmogorov-Smirnov-Test durch. Im Einstichprobenfall verlangt sie als Argument einen numerischen Vektor mit den Daten einer Stichprobe. Mit dem optionalen Parameter* `alternative="two.sided"` *(siehe Hilfe) kann die Form der Alternative bestimmt werden, mit* `distribution="normal"` *kann die zu prüfende Verteilung ausgewählt werden. Zur Wahl stehen:* `"normal"`, `"beta"`, `"cauchy"`, `"chisquare"`, `"exponential"`, `"f"`, `"gamma"`, `"lognormal"`, `"logistic"`, `"t"`, `"uniform"`, `"weibull"`, `"binomial"`, `"geometric"`, `"hypergeometric"`, `"negbinomial"`, `"poisson"` *und* `"wilcoxon "`. *Es sind nur so viele Buchstaben des Namens einer Verteilung einzugeben, bis der Name eindeutig identifiziert ist. Außer für die Normal- und Exponentialverteilung sind die Parameter der gewählten Verteilung einzugeben. Werden bei der Normal- und Exponentialverteilung keine Parameter eingegeben, so werden diese aus den Daten geschätzt, und es wird die zusammengesetzte Hypothese geprüft. Bei der zweiseitigen Alternative wird der größte Abstand zwischen der empirischen Verteilungsfunktion und der Verteilungsfunktion unter der Hypothese bestimmt. Die Ausgabe erfolgt in einer Liste der Klasse* `htest` *(siehe S. 37). Hinweise auf die für die Berechnung des P-Wertes verwendeten Algorithmen findet man in der Hilfe unter DETAILS.*

Führen Sie jetzt die entsprechenden χ^2-Tests durch. Hier müssen Sie immer Parameter eingeben. Bei der zusammengesetzten Hypothese sind die ML-Schätzer zu verwenden, außerdem ist die Anzahl der geschätzten Parameter anzugeben. Geben Sie bei Verwendung der ML-Schätzer für die Anzahl der geschätzten Parameter 2 und auch 0 an. Welche Verteilungen werden verwendet (L20-22)? Vergleichen Sie die P-Werte. Bei Verwendung der ML-Schätzer, die aus den ungruppierten Daten berechnet werden, ist zu beachten, daß der korrekte P-Wert zwischen den P-Werten aus der χ^2-Verteilung mit *m-1* und *m-k-1* Freiheitsgraden liegt, wenn *m* die Anzahl der Klassen und *k* die Anzahl der geschätzten Parameter ist (siehe Hilfesystem, auch Böker (1996)).

Informieren Sie sich auch, wie man Hypothesen prüft, daß andere Verteilungen gelten, daß z.B. die Daten aus der Datei *RINDESP.DAT* lognormalverteilt sind. **Lognormal** Wie sind die Parameter für die Lognormalverteilung zu schätzen (siehe Hilfe unter lognormal, L23)?

| **S-PLUS** | χ^2-Anpassungstest: `chisq.gof` | **S-PLUS** |

Mit der Funktion

```
chisq.gof(x,n.classes=ceiling(2*(length(x)^(2/5))),
       cut.points=NULL, distribution="normal",
       n.param.est=0, ...)
```

wird ein χ^2-Anpassungstest durchgeführt. Verlangt wird ein numerischer Vektor x mit den Daten. Mit dem optionalen Argument `n.classes` *kann die Anzahl der Klassen bestimmt werden. Der Defaultwert beruht auf einer Empfehlung für eine „gute" Klassenanzahl. Mit* `cut.points` *können die Intervallgrenzen bestimmt werden. In diesem Fall ergibt sich die Anzahl der Klassen aus der um 1 verringerten Anzahl der* `cut.points`*. Mit* `distribution` *wird die zu prüfende Verteilung ausgewählt, wobei unter den gleichen Verteilungen wie beim Kolmogorov-Smirnov-Test zu wählen ist.* `n.param.est` *ist die Anzahl der geschätzten Parameter der Verteilung. Die Parameter der zu prüfenden Verteilung sind einzugeben. Die Bezeichnung der Parameter findet man in der Hilfe zu der Verteilung.*

Beispiel einer Liste:

Schauen Sie sich die Ausgabe der Tests an. Dies ist ein Beipiel einer **Liste**. In der folgenden Funktion brauchen wir aus dieser Liste nur den Wert der Prüfgröße. Geben Sie der Liste einen Namen (L24) mit der Zuweisung

```
Listenname <- Test().
```

Rufen Sie dann den Listennamen auf und informieren Sie sich im Hilfesystem unter `Subscript` und `Syntax`, wie man auf einzelne Elemente dieser Liste, **Elemente** d.h. den Wert der Prüfgröße oder vielleicht auch auf den P-Wert zugreifen kann, **ansprechen** um dann damit weiterzuarbeiten (vgl. Seite 42, L25). Bei einer der in L25 angegebenen Lösungen brauchen Sie den Namen des Listenelements, auf das Sie zugreifen wollen, z.B. hat die Prüfgröße den Namen

$$\texttt{statistic},$$

der P-Wert den Namen

$$\texttt{p.value}.$$

Diese Namen finden Sie im Hilfesystem in der Beschreibung des Tests unter *VALUE* oder indem Sie den Befehl

Namen der Listen- elemente

$$\texttt{names(Listenname)}$$

eingeben.

S-PLUS	Zugriff auf Listenelemente	S-PLUS

Es gibt drei Möglichkeiten auf Elemente einer Liste zuzugreifen:

    `Listenname[i]` *erzeugt Teilliste der Länge 1 bestehend aus dem i-ten Element der Liste.*

    `Listenname[[i]]` *greift auf das i-te Listenelement zu, statt* i *kann auch der Name des Listenelements in Anführungszeichen angegeben werden. Dabei reicht die Angabe der zur Identifizierung des Namens nötigen Buchstaben.*

    `Listenname$Elementname` *greift auf das Listenelement mit dem angegebenen Namen zu.*

Bei der ersten Möglichkeit wird im Gegensatz zu den beiden letzten Möglichkeiten eine Teilliste ausgegeben, mit der man noch nicht unmittelbar weiterrechnen kann. Listen werden mit der Funktion `list` *erzeugt, wobei als Argumente die Objekte anzugeben sind, die in die Liste aufgenommen werden sollen. Namen für die Listenelemente werden durch Gleichheitszeichen dem Argument vorangestellt, z.B.*

$$\texttt{list("A"=a,"B"=b)}$$

wobei a *und* b *zwei vorhandene Objekte sein müssen.*

Ein Bootstrap-χ^2-Test:

Beim Test einer zusammengesetzten Hypothese mit dem χ^2-Anpassungstest erhält man also keinen genauen P-Wert. Man weiß nur, daß der P-Wert zwischen zwei Grenzen liegt. Wie Sie in dem Beispiel gesehen haben, können diese Grenzen noch sehr weit auseinander liegen. Bei manchen zu prüfenden Verteilungen ist der P-Wert auch noch abhängig von den „wahren" Parametern dieser Verteilung, so daß es nicht möglich ist, Algorithmen zur Berechnung der P-Werte zu implementieren oder Tabellen mit kritischen Werten anzulegen. Ein Bootstrap-Verfahren (Böker (1996)), für das wir eine S-PLUS-Funktion schreiben wollen, kann hier helfen. Wir betrachten nur einen Test auf Normalverteilung.

S-PLUS   **Namenszuweisung:** names   **S-PLUS**

Mit der Funktion names *kann man einem S-PLUS Objekt, gewöhnlich einer Liste oder einem Vektor, d.h. den Elementen der Liste oder des Vektors Namen zuweisen oder sich schon vorhandene Namen ausgeben lassen. Als Argument ist der Name des Objekts anzugeben. Bei der Zuweisung eines Namens ist das übliche Zuweisungszeichen zu verwenden, die Namen der einzelnen Elemente sind in Anführungszeichen zu setzen. Soll eines der Elemente keinen Namen erhalten, sind leere Anführungszeichen zu verwenden. Das Objekt erhält durch die Namenszuweisung ein* names*-Attribut.*

---

for-Schleifen:

Sie brauchen in dieser Funktion eine **for-Schleife**. Informieren Sie sich im Hilfesystem, wie man solche Schleifen anlegt (L26). Schreiben Sie eine einfache Schleife, die für $i = 1, 2, ..., 10$ die Quadrate dieser Zahlen, bzw. Quadrate und dritte Potenzen ausdruckt (Englisch: print; L27).

Die Funktion (prak17.fun) für den Bootstrap-Chiquadrattest soll als Argumente Daten und B, d.h. die Datendatei und die Anzahl der Bootstrap-Stichproben enthalten. Gehen Sie in folgenden Schritten vor:

1. Bestimmen Sie den Stichprobenumfang von Daten und nennen Sie ihn n (L28).   **Länge bestimmen**

2. Berechnen Sie aus den Daten die ML-Schätzer für die Parameter der Normalverteilung und geben Sie ihnen die Namen mu und sigma (L29).   **ML-Schätzer**

3. Führen Sie den χ^2-Test zur Prüfung auf Normalverteilung mit mu und sigma durch und schreiben Sie die komplette Liste der Ergebnisse in Datentest (L30).

4. Die Liste Datentest enthält u.a. den Wert der Prüfgröße (vergleiche L25), der chidat genannt werden soll (L31).

5. Definieren Sie sich einen Vektor (E: vector) der Länge B mit dem Namen chiboot, in den die Werte der χ^2-Prüfgrößen aus den Bootstrapstichproben geschrieben werden sollen (L32).   **Vektor definieren**

6. Für $b = 1, ..., B$ wird je eine Bootstrapstichprobe vom Umfang n simuliert und für jedes b die χ^2-Prüfgröße berechnet. Die einzelnen Schritte für $b = 1, ..., B$ sind: **Simulation**

(a) Ziehen Sie eine Bootstrap-Stichprobe vom Umfang n von $N(mu, sigma)$-verteilten Zufallszahlen, die Sie `bootstich` nennen (L33).

(b) Berechnen Sie für diese Bootstrap-Stichprobe `bootstich` die ML-Schätzer, die Sie `muboot` und `sigmaboot` nennen (L34).

(c) Führen Sie den χ^2-Test für diese Bootstrap-Stichprobe mit den Parametern `muboot` und `sigmaboot` durch und schreiben Sie das komplette Ergebnis, also eine Liste, in `Boottest` (L35).

(d) Schreiben Sie den Wert der Prüfgröße aus der Liste `Boottest` an die b-te Stelle des Vektors `chiboot` (L36).

Vektoren verbinden

7. Verbinden (Befehl c) Sie den Wert der Prüfgröße aus den Daten `chidat` mit dem Vektor `chiboot` zum Vektor `chidatboot` (L37).

Rang

8. Bestimmen Sie den Rang R (E: *'rank'*) von `chidat` in `chidatboot` (L38).

9. Bestimmen Sie den P-Wert Ihres Tests als

P-Wert

$$(B+1.5-R)/(B+1)$$

und nennen ihn `Pwert` (L39).

Ausgabe

10. Damit Sie eine Ausgabe erhalten, müssen Sie den P-Wert noch einmal aufrufen (L40).

S-PLUS	**Iterationen:** `for, while, repeat`	**S-PLUS**

Die Syntax für eine `for`*-Schleife ist*

> `for (name in values) expr` .

Dabei ist `name` *der Name der Laufvariablen, die nacheinander die in* `values` *angegebenen Werte annimmt. Für jeden dieser Werte wird* `expr` *durchgeführt. Dabei ist zu beachten, daß der Wert (VALUE im Hilfesystem) der ganzen for-Schleife gleich der letzten Ausführung von expr ist. So liefert*

> `for (i in 1:10) i`

als Ergebnis 10. Informieren Sie sich in der Hilfe auch über die Funktionen `while` *und* `repeat` *mit der Syntax*

> `while(test) expr`

bzw.

> `repeat expr` .

Dabei ist `test` *ein logischer Ausdruck und* `expr` *wird so lange durchgeführt, wie* `test` *wahr ist. Mit* `repeat` *wird* `expr` *wiederholt durchgeführt. Das Ende muß innerhalb* `expr` *bestimmt werden, typischerweise mit* `if...else` *und den Befehlen* `next` *und* `break`. *Mit* `next` *wird die nächste Iteration begonnen, mit* `break` *die Schleife abgebrochen.*

Text in Ausgaben

> **S-PLUS**   **Vektordefinition:** `vector`   **S-PLUS**
>
> *Mit der Funktion `vector` kann ein Vektor definiert werden. Dies ist insbesondere dann sinnvoll oder nötig, wenn der Vektor erst nach und nach mit Werten aufgefüllt wird wie in dem vorigen Beispiel. Dabei sind die optionalen Argumente `mode` und `length` einzugeben, die defaultmäßig auf `"logical"` und 0 gesetzt sind. Mit `mode` wird der Typ des Vektors vereinbart, neben `"logical"` z.B. `"numeric"`, `"character"`, während `length` die Länge des Vektors bestimmt. Für den `mode` `"logical"` werden alle Werte auf F gesetzt, für `"numeric"` auf 0, für `"character"` auf `" "`.*

> **S-PLUS**   **Rang:** `rank`   **S-PLUS**
>
> *Die Funktion `rank` bestimmt für einen numerischen Vektor `x` die Ränge. Der Rang einer Beobachtung innerhalb einer Stichprobe ist die Position dieser Beobachtung, wenn die gesamte Stichprobe der Größe nach in aufsteigender Reihenfolge geordnet wird. Ist `x` der Datenvektor, so ist `rank(x)[i]` der Rang der Beobachtung `x[i]` innerhalb `x`.*

Der Bootstrap-Test simuliert also Daten von normalverteilten Zufallszahlen. Die Parameter der simulierten Normalverteilung sind die aus den Originaldaten berechneten ML-Schätzer. Insgesamt werden B Stichproben simuliert, wobei $B = 499$ oder $B = 999$ typische Werte für B sind. Es wird demnach unter der Hypothese

„Es liegt Normalverteilung vor"

simuliert. Sie erhalten B Werte der Prüfgröße unter der Hypothese. Wenn die Originaldaten auch die Hypothese erfüllen, sollte die Prüfgröße aus den Originaldaten, wenn man sie mit den simulierten Prüfgrößen vermischt, nicht besonders auffallen, d.h. sie darf nicht auffallend groß sein. Deshalb wird der Rang der Originalprüfgröße bestimmt, nachdem sie mit den anderen simulierten Prüfgrößen vermengt wurde. Ist der Rang groß, ist die Hypothese zu verwerfen. Experimentieren Sie mit Ihrer Funktion, testen Sie verschiedene Datensätze auf Normalverteilung, verändern Sie B.

Durch Text ergänzte Ausgabe der Ergebnisse, der Befehl `cat`:

Vielleicht möchten Sie die Ausgabe Ihrer Funktion noch etwas verbessern, indem Sie **Text hinzufügen** oder auch die P-Werte zu der χ^2-Prüfgröße mit $m-1$ und $m-3$ Freiheitsgraden ausgeben, wobei m die Anzahl der verwendeten Klassen ist. Informieren Sie sich im Hilfesystem über den Befehl

`cat,`

oder schauen Sie sich die Lösungsfunktion `prak18.fun` an, ohne allzuviel Zeit für diese Aufgabe zu verwenden.

S-PLUS   **Textausgaben:** `cat`   **S-PLUS**

Die Funktion `cat` wandelt die eingegebenen Argumente in den Typ `character` um und druckt sie dann in der Standardausgabe, d.h. in der Regel auf dem Bildschirm. Optional kann auch ein `file` angegeben werden, in das die Ausgabe geschrieben wird. Mit weiteren optionalen Argumenten kann die Ausgabe kontrolliert werden. Die Funktion `format` wird häufig in Verbindung mit `cat` gebraucht, um die Ausgabe von Zahlen auf ein gemeinsames Format zu bringen. Mit dem optionalen Argument `digits` kann die Zahl der Ziffern bestimmt werden.

Stichproben mit und ohne Zurücklegen, der Befehl `sample`:

Bootstrap

Sie haben gerade ein Bootstrapverfahren kennengelernt, genauer das parametrische Bootstrapverfahren. Zur Ziehung Ihrer Bootstrap-Stichproben haben Sie die Verteilungsfunktion $F(x, \hat{\mu}, \hat{\sigma})$ benutzt, d.h. die Verteilungsfunktion der Normalverteilung mit den aus den Daten geschätzten Parametern. Beim klassischen Bootstrap-Verfahren verwendet man zur Ziehung der Bootstrap-Stichproben die

empirische Verteilung

empirische Verteilungsfunktion F_n (siehe Efron und Tibshirani (1993)). Man denke sich die Originaldaten auf n Kugeln geschrieben, die in eine Urne gelegt und gut gemischt werden. Dann werden aus dieser Urne nacheinander mit Zurücklegen n Kugeln gezogen, wobei n der Stichprobenumfang der Originaldaten ist. In S-PLUS können Sie mit dem Befehl

`sample`

aus einem gegebenen Datensatz **Stichproben mit und ohne Zurücklegen ziehen**. Probieren Sie beides mehrfach aus, indem Sie als Datensatz die Zahlen von 1 bis 7 verwenden (L41 und L42). Was passiert bei diesen beiden Befehlen? Nennen Sie den Vektor, der aus den Zahlen 1 bis 7 besteht, `Daten` und ziehen Sie vier Bootstrapstichproben, d.h. ziehen Sie mit Zurücklegen aus `Daten` jeweils Stichproben der Größe 7, nennen Sie diese `Bootstich1`, ..., `Bootstich4` (L43).

Vektoren zu Matrix verbinden

Matrizen:

Verwenden Sie anschließend die Befehle

`cbind und rbind,`

Elemente, Zeilen oder Spalten ansprechen

um diese fünf **Vektoren**, die Sie gerade gebildet haben, zu einer Matrix zu **verbinden** (L44 und L45). Geben Sie einer dieser beiden Matrizen einen Namen, z.B. `Datenboot.mat` (L46), und informieren Sie sich im Hilfesystem oder im Handbuch, wie man einzelne Elemente dieser Matrix, bzw. ganze Zeilen oder Spalten ansprechen kann (E: *'subscript'* oder *'to extract subsets of data'*, L47-49). Was passiert bei den Befehlen

```
                Datenboot.mat+2, Datenboot.mat*2
```
oder
```
                Datenboot.mat*Datenboot.mat?
```

S-PLUS	**Ziehen mit und ohne Zurücklegen:** `sample`	**S-PLUS**

Mit der Funktion `sample` *können Stichproben aus einer als verlangtes Argument einzugebenden Population* x, *ein Vektor vom Typ* `numeric`, `complex` *oder* `character`, *gezogen werden. Außerdem kann* x *eine positive ganze Zahl sein. Die Population besteht dann aus den Zahlen von 1 bis* x. *Die Stichprobengröße* `size` *ist defaultmäßig gleich dem Populationsumfang. Läßt man auch den weiteren optionalen Parameter* `replace=F` *unverändert, so erhält man eine zufällige Permutation von* x. *Setzt man dagegen* `replace=T`, *so wird eine Stichprobe mit Zurücklegen gezogen. Standardmäßig sind die Wahrscheinlichkeiten für alle Elemente der Population gleich groß, sie können jedoch mit* `prob` *verändert werden.*

Eine **Matrix** kann aus einem Datenvektor mit dem Befehl

$$\mathtt{matrix}$$ **Definition**

gebildet werden, wobei anzugeben ist, wie viele Zeilen oder Spalten die Matrix enthalten soll und ob die Daten zeilenweise oder spaltenweise eingelesen werden sollen. Lesen Sie die Zahlen 1 : 24 zeilenweise bzw. spaltenweise als 3×8-, 8×3-, 4×6- oder 6×4-Matrix ein (L50-51). **einlesen**

Verwenden Sie jetzt an Stelle der Zahlen 1 : 7 die Daten

$$94, 197, 16, 38, 99, 141, 23.$$

Diese Daten sind schon im Vektor `Maus.vec` gespeichert. Es handelt sich um die Überlebenszeiten von Mäusen, die nach einer Operation einer Behandlung unterzogen wurden (siehe Efron und Tibshirani (1993)). Bilden Sie sich wieder eine Matrix `Mausboot.mat`, die aus diesen Daten und etwa vier Bootstrapstichproben besteht, die in den Zeilen stehen sollen (L52-53). Schauen Sie sich diese Matrix an, und überlegen Sie sich noch einmal, wie das Bootstrapverfahren funktioniert. Fügen Sie eine weitere Spalte an, die für jede Zeile den Mittelwert enthält, also den Mittelwert der Originaldaten bzw. der Bootstrapstichproben. S-PLUS hat eine eingebaute Funktion, nämlich **Bootstrap**

$$\mathtt{apply},$$ **Mittelwert zeilenweise berechnen**

mit der Sie auf jede Zeile oder Spalte die gleiche Funktion anwenden können. Hier wollen wir für jede Zeile den Mittelwert berechnen, also die S-PLUS-Funktion `mean` zeilenweise auf die Matrix `Mausboot.mat` anwenden. Schreiben Sie das Ergebnis in einen Vektor mit dem Namen `Mittel` (L54). Verbinden Sie dann die Matrix `Mausboot.mat` mit dem Vektor `Mittel`, d.h. erweitern Sie Ihre Matrix `Mausboot.mat` um eine weitere Spalte, die den Vektor

Mittel enthält (L55). Bilden Sie auf die gleiche Weise je einen Vektor mit den Namen Med bzw. Varianz, der die Mediane bzw. die Varianzen der Zeilen enthält (L56). Bilden Sie dann aus dem Vektor der Varianzen einen weiteren Vektor nVarianz, der die Varianzen mit dem Nenner n statt $n-1$ enthält (L57). Fügen Sie die gerade gebildeten Vektoren als weitere Spalten an Ihre Matrix an (L58). Schauen Sie sich dann die gesamte Matrix noch einmal an.

S-PLUS	Matrizen: matrix	S-PLUS

Mit der Funktion matrix *kann eine Matrix erzeugt werden. Die Daten sind durch das optionale Argument* data=NA *einzugeben. Der Defaultwert ist also gleich* NA, *also ein fehlender Wert. Diese Möglichkeit ist dann sinnvoll, wenn die Daten erst nach und nach in eine Matrix geschrieben werden sollen, die Matrix aber vorher durch einen Namen und durch Zeilen- und Spaltenanzahl* nrow *bzw.* ncol *definiert werden soll. Beide Argumente sind optional. Wird ein Datenvektor und eines dieser beiden Argumente* nrow *und* ncol *gegeben, so ist das andere eindeutig bestimmt. Sind weder* nrow *noch* ncol *gegeben, ist die Anzahl der Zeilen gleich der Länge des Datensatzes und die Anzahl der Spalten gleich 1. Mit dem optionalen Argument* byrow=F *wird bestimmt, daß die Daten spaltenweise eingelesen werden. Um sie zeilenweise einzulesen, ist* byrow=T *zu setzen. Mit dem weiteren optionalen Argument* dimnames *können Zeilen und Spalten mit Namen versehen werden. Addiert man eine Zahl zu einer Matrix, so wird diese Zahl zu jedem Element der Matrix addiert. Genauso ist es bei der Multiplikation mit einer Zahl. Das gleiche gilt auch für Vektoren. Intern ist eine Matrix für S-PLUS ein Vektor, dem die Attribute der Dimension, also die Zeilen- und Spaltenzahl beigefügt sind. Sämtliche Attribute eines Objekts erhält man durch die Funktion* attributes. *Zu den Attributen einer Matrix gehören auch die Zeilen- und Spaltennamen, die* dimnames. *Die Dimension erhält man mit der Funktion* dim. *Mit dem Zeichen* * *zwischen zwei Matrizen gleicher Dimension, werden diese elementweise multipliziert. Für die Matrizenmultiplikation ist das Zeichen* %*% *zu verwenden. Einzelne Elemente einer Matrix werden durch die Angabe der Zeilen- und Spaltennummer in eckigen Klammern nach dem Namen angesprochen. Läßt man den Zeilenindex oder den Spaltenindex weg, so wird die ganze Spalte bzw. die ganze Zeile angesprochen. Dabei darf jedoch das Komma zwischen Zeilen- und Spaltenindex nicht weggelassen werden. Gibt man nur einen Index ohne Komma ein, so erhält man nur ein einzelnes Element. Die Matrix wird dann wie ein Vektor behandelt, wobei der Zeilenindex zuerst abgearbeitet wird.*

Bootstrapanwendungen:

Genauigkeit eines Schätzers

Was Sie hier im Kleinen gemacht haben, geschieht bei echten Bootstrapanwendungen im Großen (siehe Efron und Tibshirani (1993)). Sie hatten hier in der ersten Zeile der Matrix die Daten stehen und aus den Daten z.B. den Mittelwert, den Median, die Varianz geschätzt. Wir wissen jedoch noch nicht, wie genau diese Schätzer sind. Bei diesen einfachen Statistiken, wie z.B. dem Mittelwert,

Bootstrapanwendungen

gibt es noch theoretische Lösungen. Die Standardabweichung des Mittelwertes ist $\sigma/\sqrt{n}$, wenn σ die Standardabweichung in der Grundgesamtheit ist. In Situationen, in denen es solche Formeln nicht gibt, kann Bootstrap helfen. Dies soll der Einfachheit halber am Mittelwert erklärt werden. Wenn Sie wissen wollen, wie stark der Mittelwert streut, brauchen Sie möglichst viele Mittelwerte, die unter möglichst gleichen Bedingungen erzeugt wurden. Wenn Sie aber nur einen Datensatz haben und die Experimente nicht beliebig oft wiederholen können, müssen Sie sich mit diesem einen Datensatz behelfen, „*an den eigenen Haaren aus dem Sumpf ziehen.*" Wenn F die Verteilungsfunktion der Ursprungsdaten ist, weitere Stichproben von nach F verteilten Zufallsvariablen aber nicht zu bekommen sind, müssen Sie sich mit F_n, der empirischen Verteilungsfunktion begnügen. Und das ist nicht schlecht, denn Sie haben ja weiter oben schon gesehen, daß F_n sich mit wachsendem n dem tatsächlichen F nähert. Daher erzeugt man möglichst viele Stichproben aus der Verteilung F_n mit dem gleichen Stichprobenumfang n, die Bootstrapstichproben, berechnet die interessierende Statistik, z.B. den Mittelwert für jede Bootstrapstichprobe und kann dann sehen, wie stark diese streuen. Um diese Streuung in ein Maß zu fassen, können Sie die Standardabweichung der Bootstrapmittelwerte berechnen. Das werden Sie gleich tun. Sie können aber auch die gesamte Verteilung dieser Mittelwerte (Mittelwerte nur als Beispiel, es kann irgendeine andere Statistik sein) ansehen, indem Sie z.B. ein Histogramm oder andere geeignete Graphiken betrachten. Das werden Sie anschließend tun.

Verteilung und empirische Verteilung

Bootstrapverteilung

S-PLUS Funktion zeilen- oder spaltenweise anwenden: `apply` **S-PLUS**

Mit der Funktion `apply(X,MARGIN,FUN,...)` *kann eine mit* `FUN` *zu spezifizierende Funktion auf die Ränder einer Matrix oder allgemeiner auf Teilbereiche eines* `arrays` `X` *angewendet werden. Dabei ist ein Array (Feld), ganz knapp gesagt, eine Matrix mit mehr als zwei Dimensionen. Ist* `X` *eine Matrix, so ist für* `MARGIN=1` *bzw.* `MARGIN=2` *einzugeben, wenn* `FUN` *auf die Zeilen bzw. Spalten angewendet werden soll. Argumente zu der mit* `FUN` *spezifizierten Funktion können als optionale Argumente zu* `apply` *angegeben werden. Sie werden ungeändert an jeden Aufruf von* `FUN` *weitergegeben.*

Wir wollen jetzt eine Funktion schreiben, die aus einem beliebigen Datensatz B Bootstrapstichproben zieht, für jede Bootstrapstichprobe den Mittelwert berechnet und dann die Standardabweichung dieser Bootstrapmittelwerte berechnet. Dabei soll keine `for`-Schleife verwendet werden, sondern eine einzige Stichprobe des Umfangs $n * B$, die in einer Matrix mit B Zeilen angeordnet wird (das soll Rechenzeit sparen, kann aber zu Speicherplatzproblemen führen). Die einzelnen Schritte sind (`prak19.fun`):

Vermeidung von for-Schleifen

1. Definieren Sie eine Funktion mit den Argumenten `Daten` und `B`.

2. Ziehen Sie eine Bootstrapstichprobe der Länge $n * B$, wobei n die Länge des Datensatzes ist, schreiben Sie diese in eine Matrix mit B Zeilen. Jede Zeile enthält dann eine Bootstrapstichprobe vom Umfang n.

3. Berechnen Sie für jede Zeile dieser Matrix den Mittelwert.

4. Berechnen Sie die Standardabweichung aller Mittelwerte.

5. Geben Sie diese Standardabweichung evtl. mit Text aus.

Probieren Sie diese Funktion für verschiedene Datensätze und verschiedene B aus. Vergleichen Sie Ihre Ergebnisse mit dem Wert $\sigma/\sqrt{n}$ (siehe oben, L59). Erweitern Sie Ihre Funktion, indem Sie zusätzlich noch für jede Zeile den Median, die Varianz und die Varianz mit n im Nenner berechnen (siehe oben, L54,56-58 und prak20.fun). Berechnen Sie dann jeweils wieder die Standardabweichungen. Wenden Sie Ihre Funktion auf verschiedene Datensätze an. Vergleichen Sie die Variation von Mittelwert und Median bzw. von Varianz und Varianz mit Nenner n. Hängt dieser Vergleich auch von den Daten ab? (Hinweis: Verwenden Sie die Datei RINDESP.DAT.)

Histogramme

Wir wollen uns jetzt die empirischen Verteilungen der Bootstrap-Mittelwerte, -Mediane usw. anschauen, indem wir die Funktion um Histogramme der Mittelwerte, Mediane, Varianzen und Varianzen mit n im Nenner erweitern. Verwenden Sie ein 2×2-Layout (prak21.fun).

Boxplots:

Ein weiteres gutes Hilfsmittel zum Vergleich empirischer Verteilungen sind **Boxplots** (siehe Abbildung 38).

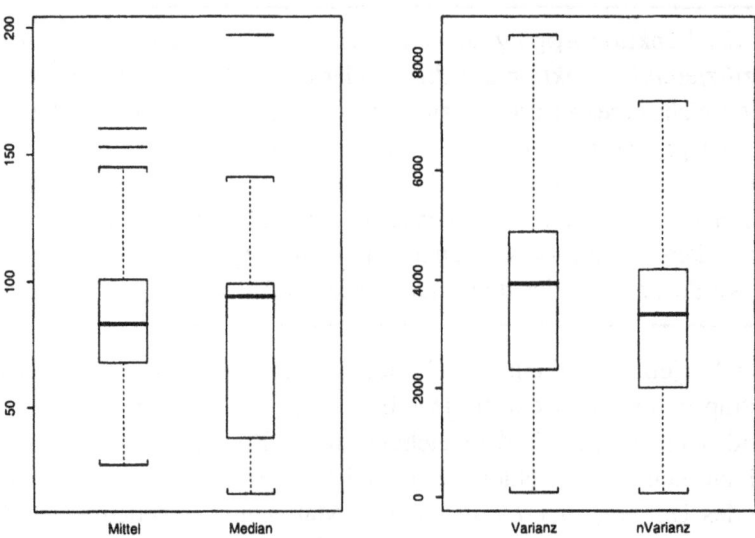

Abbildung 38: Boxplots aus 500 Bootstrap-Stichproben der Mausdaten

Die Box zeigt die mittlere Hälfte der Daten, die Linie in der Mitte der Box entspricht dem Median. Die Box reicht vom 25%-Quantil bis zum 75%-Quantil. Die gestrichelten Linien, die sogenannten „whiskers", werden von den Quartilen standardmäßig maximal bis zum $1\frac{1}{2}$-fachen des Quartilabstandes (= Länge der

Box) gezeichnet, sofern in diesem Bereich noch Daten liegen. Sie enden bei dem Punkt, der diesem Maximalabstand am nächsten kommt. Die Punkte außerhalb dieses Bereiches (Ausreißer) werden einzeln dargestellt. Informieren Sie sich im Hilfesystem oder auch in MSLamPC (Böker 1991). Ändern Sie Ihre Funktion so ab, daß statt der Histogramme jetzt Boxplots dargestellt werden, und zwar im 1×2-Layout jeweils Mittelwerte und Mediane bzw. die Varianzen zusammen in einem Plot. Sie können nicht alle Boxplots in einem einzigen Plot darstellen, da die Varianzen in einem anderen Wertebereich als die Mittelwerte und Mediane liegen (`prak22.fun`). Verwenden Sie wieder verschiedene Datensätze und verschiedene B.

S-PLUS **Boxplots:** `boxplot` **S-PLUS**

Mit der Funktion `boxplot` werden nebeneinanderliegende Boxplots von mehreren Datenvektoren gezeichnet. Verlangt werden die numerischen Datenvektoren (oder Listen). Mit weiteren optionalen Argumenten kann die Gestalt der Boxplots beeinflußt werden. Alle optionalen Argumente müssen mit vollem Namen und Gleichheitszeichen angegeben werden. Mit `range` kann die maximale Länge der „whiskers" verändert werden. Der Defaultwert der maximalen Länge (1.5* Quartilabstand) wird mit `range` multipliziert, wenn `range` positiv ist. Setzt man `range=0`, werden die „whiskers" über den ganzen Datenbereich gezeichnet. Mit `width` kann die relative Breite der Boxen bestimmt werden. Standardmäßig sind alle Boxen gleich breit. Setzt man entgegen dem Defaultwert `varwidth=T`, so werden die Breiten der Boxen proportional zur Quadratwurzel der Anzahl der Beobachtungen für die jeweilige Box gewählt, so daß man einen Eindruck über die jeweiligen (unterschiedlichen) Stichprobenumfänge erhält. Dies geht jedoch nur, wenn `width` nicht spezifiziert wird. Mit `names` kann ein Vektor mit Namen für die einzelnen Gruppen zur Beschriftung des Plots vereinbart werden. Weitere optionale Argumente finden sich in der Hilfe.

Bootstrap zur Schätzung des Standardfehlers eines geschätzten Korrelationskoeffizienten:

Wir wollen jetzt das Bootstrap-Verfahren anwenden, um den Standardfehler eines geschätzten Korrelationskoeffizienten zu schätzen. Wir verwenden die Dateien AMSLONSP.DAT und AMSUSASP.DAT, die noch in S-PLUS eingelesen werden müssen. Es handelt sich um die Startzeiten (in Minuten seit Mitternacht) und Flugzeiten (in Minuten) eines Linienfluges von Amsterdam nach London bzw. in die USA (siehe MSLamPC, Böker 1991). Eine höhere Startzeit bedeutet, daß das Flugzeug mit Verspätung gestartet ist. In MSLamPC wird die Frage diskutiert, ob eine Korrelation zwischen diesen beiden Variablen besteht, ob eine Verspätung durch eine kürzere Flugzeit aufgeholt werden kann. Erst nach mehreren Transformationen gelingt die Rechtfertigung, daß die nötigen Verteilungsannahmen erfüllt sind. Mit Bootstrap sind Sie frei von diesen Annahmen. Ein Histogramm der durch Bootstrap gewonnenen Korrelationskoeffizienten zeigt, daß in einem Fall ein Korrelationskoeffizient von 0 außerhalb des „möglichen"

Bereichs liegt, während im anderen Fall 0 durchaus möglich ist, die Daten also unkorreliert sein können.

Einlesen einer Datenmatrix, Zeilen- und Spaltennamen:

Matrix definieren

Zunächst müssen die Daten in S-PLUS eingelesen werden. Sie sollen als Matrix gespeichert werden, deren Spalten die beiden Variablen sind. So stehen sie bereits in den angegebenen Dateien. In der ersten Spalte steht die Startzeit, in der zweiten die Flugzeit, d.h. die Daten müssen zeilenweise eingelesen werden, und die Spaltenanzahl muß zwei sein. Wie Sie solche Matrizen definieren, ist Ihnen bereits bekannt (siehe L50). Sie brauchen nur noch anzugeben, woher die Daten kommen sollen. Dazu benutzen Sie im `matrix`-Befehl den Befehl

einlesen

`scan`

mit den nötigen Pfadangaben (L60).

plot

Achsenbeschriftung

Zeilen- und Spaltennamen

Zunächst wollen wir mit dem Befehl `plot` die Daten graphisch darstellen (L61). Unschön ist vermutlich noch die Achsenbeschriftung. Das können Sie, wie Sie früher schon gesehen haben, mit den Befehlen `xlab` und `ylab` ändern. Eine elegantere Möglichkeit ist es, den Variablen, also den Spalten der Matrix, mit dem Befehl `dimnames` einen **Namen** zu geben. Informieren Sie sich im Hilfesystem oder im Handbuch, insbesondere auch darüber, wie man nur den Spalten, nicht den Zeilen und Spalten, Namen gibt (L62). Plotten Sie anschließend die Daten erneut. Ist anhand der Bilder eine Korrelation zwischen den Variablen *Startzeit* und *Flugzeit* zu vermuten?

S-PLUS	Spalten- und Zeilennamen: `dimnames`	S-PLUS

Mit `dimnames` *kann man sich die Namen der Zeilen und Spalten einer Matrix (oder auch allgemeiner eines Arrays) ausgeben lassen oder sie verändern. Dabei ist eine Liste mit der Länge entsprechend der Dimension (=2 für eine Matrix) einzugeben. Jedes Listenelement besteht aus einem Vektor vom Typ* `character`, *wobei die jeweilige Länge des Vektors mit der Anzahl der Zeilen bzw. Spalten übereinstimmen muß. Sollen die Zeilen oder Spalten keine Namen erhalten, so ist für das entsprechende Element der Liste* `NULL` *einzugeben.*

Wir wollen jetzt mit dem Befehl `cor` die **Korrelationskoeffizienten** beider Datensätze schätzen. Sie können bei der Eingabe der Variablen die Spaltennummer oder die Variablennamen als *'subscript'* zum Dateinamen verwenden (L63-64). Was erhalten Sie, wenn Sie nur den Namen der Datenmatrix ohne *'subscripts'* eingeben (L65)?

unkorreliert

Die geschätzten Korrelationskoeffizienten für die beiden Datensätze sind sehr unterschiedlich. Ist es möglich, daß die beiden Variablen Flug- und Startzeiten unkorreliert sind? Ist also der Korrelationskoeffizient 0 möglich? Dazu muß man wissen, wie genau der Schätzer ist. Liegt 0 im natürlichen Streuungsbereich dieses Schätzers? Dazu müßten Sie weitere Flüge beobachten und für den gleichen

Stichprobenumfang wieder und wieder Korrelationskoeffizienten schätzen, um dann die Streuung dieser geschätzten Korrelationskoeffizienten zu beobachten. Wenn dies nicht möglich ist, können Sie es am Computer simulieren. Sie haben nur die empirische Verteilung zur Verfügung. Also ziehen Sie mit Zurücklegen jeweils Paare von beobachteten Start- und Flugzeiten. Denken Sie sich die beobachteten Wertepaare oder die Zeilen der Datenmatrix von 1 bis n durchnumeriert, wobei n der Stichprobenumfang ist. Sie ziehen mit Zurücklegen n Zahlen aus der Menge $\{1, ..., n\}$ und ordnen dann jeder gezogenen Zahl das an dieser Stelle stehende Wertepaar, d.h. die entsprechende Zeile der Datenmatrix, zu. Das wollen wir zunächst einmal üben. Definieren Sie sich eine 10×2-Matrix

Ziehen mit Zurücklegen

```
Probier.mat
```

mit den Zahlen 11 : 20 in der 1. Spalte und den Zahlen 20 : 11 in der 2. Spalte (L66). Ziehen Sie jetzt eine Stichprobe mit Zurücklegen aus den Zeilennummern 1 : 10, die Sie

```
Zeilstich
```

nennen (L67). Jetzt wählen Sie die entsprechenden Zeilen aus Ihrer Matrix Probier.mat, indem Sie an die Stelle des Zeilenindexes Zeilstich schreiben (L68). Nennen Sie das Ergebnis

```
Bootstich.mat.
```

Wie bekommen Sie nur die 1. oder 2. Spalte von Bootstich.mat (L69)?

S-PLUS	**Korrelationsmatrix: cor**	**S-PLUS**

Die Funktion cor *mit dem verlangten Argument* x *und dem optionalen Argument* y=x*, wobei* x *und* y *numerische Matrizen oder Vektoren sind, berechnet die Korrelationsmatrix, von* x *und* y*. An der Stelle [i,j] steht die (geschätzte) Korrelation zwischen der i-ten Spalte von* x *und der j-ten Spalte von* y*.*

Wir wollen uns jetzt eine Funktion schreiben, die für beliebige $n \times 2$-Datenmatrizen den Korrelationskoeffizienten schätzt, B Bootstrapstichproben zieht, für jede Bootstrap-Stichprobe den Korrelationskoeffizienten berechnet, ein Histogramm der Bootstrap-Korrelationskoeffizienten zeichnet und die Standardabweichung dieser Bootstrap-Korrelationskoeffizienten berechnet (prak23.fun). Die einzelnen Schritte sind:

1. Bestimmen Sie den Korrelationskoeffizienten zwischen den beiden Variablen der Datenmatrix.

2. Bestimmen Sie die Anzahl n der Wertepaare in der Datenmatrix, d.h. die Anzahl der Zeilen nrow.

Anzahl der Zeilen

3. Definieren Sie einen Vektor, `Korrboot`, der Länge B, in den die durch Bootstrap erzeugten Korrelationskoeffizienten geschrieben werden sollen.

for-Schleife

4. Für $b = 1, ..., B$ sind die folgenden Schritte zu durchlaufen:

Ziehen mit Zurücklegen

(a) Erzeugen Sie eine Stichprobe `Zeilstich` der Zeilennummern vom Umfang n mit Zurücklegen (vgl. L67).

(b) Wenden Sie `Zeilstich` auf Ihre Datenmatrix an und bilden Sie `Bootstich.mat` (vgl. L68).

(c) Berechnen Sie den Korrelationskoeffizienten aus `Bootstich.mat` und schreiben ihn an die b-te Stelle des Vektors `Korrboot`.

Histogramm

5. Zeichnen Sie ein Histogramm der Bootstrap-Korrelationskoeffizienten.

6. Berechnen Sie die Standardabweichung der Bootstrap-Korrelationskoeffizienten.

Text

7. Geben Sie den Korrelationskoeffizienten der Urspungsdaten mit dem durch Bootstrap geschätzten Standardfehler aus, evtl. mit Texterläuterungen.

Wenden Sie Ihre Funktion auf die beiden Datensätze der Start- und Flugzeiten an. In welchem Fall sind die Daten korreliert bzw. eher unkorreliert?

Beispiel: ERNBSP

Einlesen der Datenmatrix

Wir wollen einen neuen Datensatz einlesen, der unter *ERNBSP.DAT* an der üblichen Stelle zu finden ist und der schon in MSLamPC (Böker 1991) untersucht wurde (siehe auch Kockläuner (1988)). Die Datei enthält für 102 verschiedene Länder jeweils in der ersten Spalte einen Ernährungsindex, in der zweiten Spalte das Bruttosozialprodukt pro Kopf in US $ bezogen auf das Jahr 1974. Lesen Sie diese Daten in S-PLUS ein. Wenn Sie die Datenmatrix wie gewohnt einlesen, werden Sie eine Fehlermeldung erhalten, da die Daten in der Ursprungsdatei nicht durch Leerzeichen, sondern durch Kommata getrennt (E: *'to separate'*) sind. Informieren Sie sich im Hilfesystem unter dem Befehl

```
scan,
```

wie man S-PLUS dieses durch ein optionales Argument mitteilen kann (L70).

S-PLUS	**Einlesen von Daten:** `scan, sep`	**S-PLUS**

Mit dem optionalen Argument `sep` *kann der Funktion* `scan` *zum Einlesen von Daten aus einem Textfile gesagt werden, wie die Daten in der Ursprungsdatei voneinander getrennt sind. Wird* `sep` *nicht angegeben, trennt jeder beliebige Leerraum die Daten.*

Identifizierung von Punkten im Plot

Stellen Sie sich die Daten graphisch dar (L71). Die Achsenbeschriftung ist unschön, auch wäre es interessant zu wissen, welche Länder durch die einzelnen Punkte dargestellt werden, d.h. Sie möchten die **Punkte** gern **identifizieren** (E: *'to identify'*). Zu diesem Zweck wollen wir den Zeilen und Spalten der Matrix mit dem Befehl

Zeilen- und
Spaltennamen

```
dimnames
```

Namen geben. Die Namen der Länder, d.h. der Zeilen unserer Matrix, stehen schon in dem S-PLUS-Objekt `land.vec`. Damit haben Sie ein Beispiel für einen Vektor, dessen `mode` nicht `"numeric"` sondern `"character"` ist. Falls Sie die Namen abkürzen möchten, können Sie die Datei mit `fix` bearbeiten. Die Spalten sollen die Namen `ERN` und `BSP` bekommen (L72). Schauen Sie jetzt im Hilfesystem nach, wie man die Punkte durch den Ländernamen als Label identifizieren kann (L73). Bewegen Sie die Maus in das Graphikfenster und klicken Sie einzelne Punkte an. Identifizieren Sie diejenigen Punkte, die durch ihre Lage besonders auffallen oder auch Punkte, die nahe beieinander liegen. Beenden Sie die Identifizierung, indem Sie auf die rechte Maustaste klicken. Geben Sie den Befehl auch ohne das optionale Label ein. Vielleicht möchten Sie jetzt auch die **Koordinaten** einzelner Punkte wissen. Geben Sie dazu den Befehl

mode

```
locator()
```

Koordinaten
bestimmen

ein (siehe S. 54). Bewegen Sie wieder die Maus in das Graphikfenster und klicken Sie einzelne Punkte an. Durch einen Klick auf die rechte Maustaste können Sie diesen Vorgang beenden. Die Koordinaten finden Sie dann im Commands-Fenster. Sie können aber auch direkt im Commands-Fenster die Sie interessierende(n) Variable(n) für einzelne Länder abfragen, indem Sie statt der Zeilennummer den Namen der Zeile, also des Landes angeben (suchen Sie unter

```
subscribt
```

oder

```
extract or replace parts of an object
```

im Hilfesystem oder im Handbuch, L74-75, siehe auch S. 64).

Data Frames:

Es ist sehr umständlich (siehe L75), wenn Sie eine der beiden Variablen ansprechen wollen. Schön wäre es, wenn man direkt den Namen der Variablen `ERN` oder `BSP` ansprechen könnte. Bei Matrizen ist das nicht möglich, jedoch bei S-PLUS-Objekten vom Typ **Data Frame**. Verwandeln Sie Ihre Matrix in ein `Data Frame` mit dem Befehl (L76)

Variablen
mit Namen
ansprechen

```
Name.frame<-data.frame(Name.mat).
```

Rufen Sie Ihr Data Frame mit seinem Namen auf, und überzeugen Sie sich mit den Befehlen

> names und row.names,

daß die Variablen und Zeilen ihre Namen behalten haben (L77-78). Um die Variablen jetzt direkt mit ihrem Namen ansprechen zu können, müssen Sie Ihr Data Frame mit dem Befehl

in Suchliste aufnehmen
> attach(Name.frame)

in die Suchliste aufnehmen lassen (L79). Die Suchliste können Sie sich mit dem Befehl

Suchliste anzeigen
> search()

anzeigen lassen.

S-PLUS **Identifizierung:** `identify` **S-PLUS**

Die Funktion `identify` identifiziert Punkte in einem Plot interaktiv. Die Koordinaten der Punkte werden als Argumente x, y verlangt. Dies kann u.a. durch zwei Vektoren oder durch eine Matrix mit zwei Spalten geschehen (siehe Hilfe für weitere Möglichkeiten). Standardmäßig werden die Punkte durch den Index im Datenvektor x identifiziert. Dies kann jedoch durch `labels` geändert werden, wobei der Vektor `labels` dieselbe Länge wie x und y haben muß. Falls `plot=T` ist, werden die Label an die mit der Maus angeklickten Punkte geschrieben, wobei man durch die Position des Anklickens noch bestimmen kann, ob das Label rechts oder links vom identifizierten Punkt geschrieben werden soll. Im Commands-Fenster werden die Indizes der identifizierten Punkte angegeben.

Lassen Sie sich jetzt einen neuen Plot zeichnen, indem Sie nur die Variablennamen als Argumente zu `plot` eingeben (L80). Fragen Sie auch die Werte der Variablen ERN bzw. BSP für einige Länder direkt mit dem Namen ab (L81). Mit dem Befehl

Punkte mit Text versehen
> text

ist es möglich, alle oder einige Punkte der Graphik mit Text zu versehen. Informieren Sie sich im Hilfesystem, wie Sie alle Punkte mit Ihrer Zeilennummer oder mit ihrem Namen beschriften können (L82-83). Beschriften Sie dann gezielt einzelne Länder mit dem Namen oder einer Abkürzung des Namens (L84).

Einfache lineare Regression

S-PLUS	**Data Frame:** `data.frame`	S-PLUS

Ein `data frame` ist ein S-PLUS-Objekt, geeignet zum Speichern von Datenmatrizen, wobei die Variablen in den Spalten stehen und von unterschiedlichem Datentyp (`numeric`, `character` oder `logical`) sein dürfen. Die Länge der Variablen muß übereinstimmen. Zeilen und Spalten haben Namen. Einzelne Elemente können wie bei Matrizen angesprochen werden. Data Frames werden erzeugt mit der Funktion `data.frame`, wobei als Argumente die Objekte anzugeben sind, die zu einem Data Frame zusammengefaßt werden sollen. Dies dürfen Vektoren, numerische Matrizen, Faktoren, Listen oder Data Frames sein, sofern die Zeilenanzahl übereinstimmt. Den Spalten können wie bei `list` (siehe S. 58) mit Gleichheitszeichen Namen zugewiesen werden. Die Zeilennamen können mit dem optionalen Argument `row.names` vereinbart werden. Dabei können explizit die Namen angegeben werden. Es kann aber auch eine der Variablen, d.h. eine der Spalten des Data Frames, als Zeilenname dienen. In diesem Fall ist für `row.names` der Spaltenindex oder der Name dieser Variablen einzugeben. Defaultmäßig versucht S-PLUS die Zeilennamen aus schon vorhandenen Namen der Argumente zu bilden, falls sie untereinander verträglich sind. Ist das nicht der Fall, werden die Zeilennummern als Zeilennamen verwendet. Dies geschieht auch, wenn man `row.names=NULL` setzt.

S-PLUS	**Suchliste:** `attach`	S-PLUS

Die Suchliste besteht aus einer Aufzählung von Unterverzeichnissen mit S-PLUS-Objekten und einzelnen S-PLUS-Objekten (wie z.B. das gerade aufgenommene Data Frame), die bei der Eingabe einer Funktion oder einer Datei der Reihenfolge nach nach dem eingegebenen Objekt durchsucht werden. Die Suchliste ist, abgesehen von einigen permanenten S-PLUS-Verzeichnissen, temporär. Datenverzeichnisse oder Objekte können mit der Funktion `attach` in die Suchliste aufgenommen werden. Ein Element der Suchliste wird beim Beenden von S-PLUS aus der Suchliste entfernt, wenn es noch nicht vorher mit dem Befehl `detach` geschehen ist. Möchten Sie ein Verzeichnis permanent in die Suchliste aufnehmen, so verwenden Sie dazu die Funktion `.First`. Diese Funktion wird beim Starten von S-PLUS ausgeführt. Die Funktion `.First` ist von Ihnen zu schreiben.

Einfache lineare Regression:

Jetzt soll eine **Regressionsgerade** durch die Daten gelegt werden. Informieren Sie sich im Hilfesystem über das Inhaltsverzeichnis oder durch *'Suchen'* unter *Regression* (E: *'to fit a linear regression model'* oder *'linear least-squares fit'*), wie eine einfache lineare Regressionsrechnung durchzuführen ist. Wenden Sie zwei Möglichkeiten an, und schreiben Sie die Ergebnisse in eine Liste mit dem Namen lsout bzw. lmout in Abhängigkeit vom Namen des verwendeten Befehls (L85-86). Lassen Sie sich die Listen durch Aufruf ihrer Namen anzeigen.

Es würde hier zu weit gehen, alles erklären zu wollen. Wir werden uns auf einiges beschränken müssen. Die Regressionsgerade kann mit

Regressionsgerade zeichnen

```
abline
```

in den Plot Ihrer Daten gezeichnet werden. Sie brauchen nur den Namen Ihrer Ergebnisliste `lsout` bzw. `lmout` als Argument zu `abline` anzugeben (L87).

Um einmal zu demonstrieren, welchen Einfluß einzelne oder einige wenige Punkte auf die Lage der Regressionsgeraden haben, wollen wir die Regressionsrechnung ohne einen oder mehrere der auffälligen Punkte wiederholen und die neue Regressionsgerade zusätzlich in das Bild einzeichnen, vielleicht mit einem anderen Linientyp. Entfernen Sie z.B. die „Schweiz" bzw. die Zeilen 97 : 102 (Welche Länder sind das? L88-89). Abbildung 39 zeigt diesen Plot. Die Legende kann mit

Legende

dem Befehl aus L90 erzeugt werden.

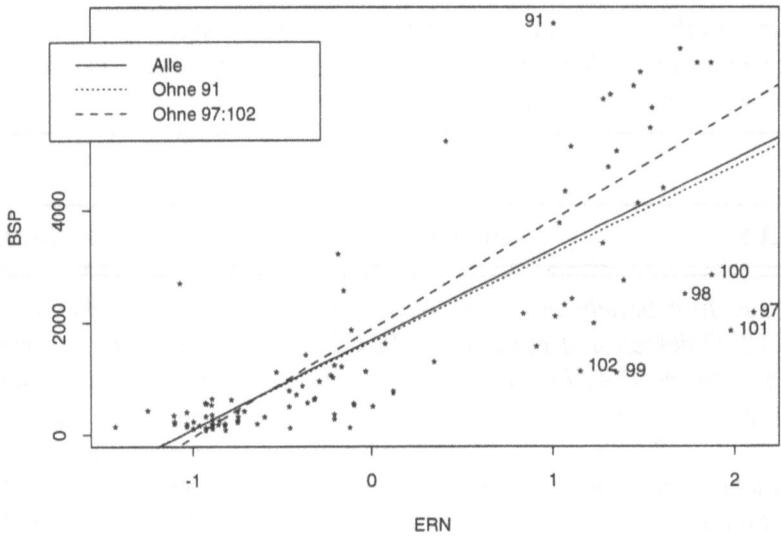

Abbildung 39: Daten mit verschiedenen Regressionsgeraden

S-PLUS	**Legende:** `legend`	**S-PLUS**

Die Funktion `legend` fügt eine Legende in einen vorhandenen Plot. Dazu müssen die Koordinaten `x, y` des Rechtecks angegeben werden, in das die Legende geschrieben werden soll. Sie können entweder die Koordinaten des linken oberen Eckpunktes oder die von zwei gegenüberliegenden Eckpunkten eingeben. Der Legendentext wird mit dem Argument `legend` eingegeben. Mit weiteren optionalen Argumenten können Sie den Linientyp, das Plotsymbol oder das Schattierungsmuster für die Legende auswählen.

Einfache lineare Regression

| S-PLUS | **Multivariate lineare Regression:** `lsfit` | S-PLUS |

Mit der Funktion `lsfit` kann eine multivariate lineare Regressionsrechnung nach der Methode der (gewichteten) kleinsten Quadrate durchgeführt werden. Als Argumente werden die erklärende(n) Variable(n) in einer Matrix oder einem Vektor `x` und die abhängige(n) Variable(n) in einer Matrix oder einem Vektor `y` erwartet. Die Ergebnisse werden in einer Liste ausgegeben, die u.a. die geschätzten Koeffizienten und die Residuen enthält. Diese Liste kann als Argument zu weiteren S-PLUS-Funktionen wie `ls.print`, `ls.diag`, `abline` und `residuals` verwendet werden. Die Funktion `ls.print` verlangt als Argument eine Ausgabeliste von `lsfit` und gibt eine Zusammenfassung der Regressionsergebnisse mit dem Residualstandardfehler, multiples R^2, dem Stichprobenumfang, der F-Statistik, den Freiheitsgraden und dem P-Wert für die F-Statistik sowie eine Tabelle, deren Spalten die geschätzten Regressionskoeffizienten, ihre Standardfehler, die t-Statistiken und die zweiseitigen P-Werte für die t-Statistiken enthalten. Die Funktion `abline` kann als Argument ein Regressionsobjekt `reg` wie die Ausgabe von `lsfit` verwenden, speziell auch `reg$coef`, wobei `coef` der Name des Listenelements ist, das die Koeffizienten enthält. Die Funktion `residuals` kann allgemein für Objekte mit angepaßten Modellen verwendet werden.

| S-PLUS | **Lineares Regressionsmodell:** `lm` | S-PLUS |

Die Funktion `lm` paßt ein lineares Regressionsmodell an. Die Gleichung für das Modell ist mit dem verlangten Argument `formula` anzugeben. Dabei ist `formula` eine generische Funktion, die S-PLUS-Objekte der Klasse `formula` erzeugt. Die Daten sind mit dem Argument `data` durch ein Data Frame einzugeben. Das Data Frame muß alle in der Formula auftretenden Variablen enthalten. Wenn das nicht der Fall ist, müssen die Variablen in der Suchliste sein. Das Ergebnis von `lm` ist ein Objekt der Klasse `"lm"` oder `"mlm"` (für multiple Modelle). Diese Klasse von Objekten wird in der Hilfe in `lm.object` beschrieben. Dort findet man unter METHODS eine Liste mit den generischen Funktionen, die auf diese Klasse von Objekten angewendet werden können, z.B. `anova`, `coef`, `formula`, `plot`, `print`, `residuals`, `summary`. Ebenfalls dort findet man unter STRUCTURE die Komponenten eines Objekts der Klasse `lm`. Sucht man Hilfe zu den oben genannten generischen Funktionen speziell für Objekte der Klasse `lm`, so findet man sie, indem man an den Namen der Funktion noch `.lm` anhängt, z.B. `anova.lm`, `plot.lm`, `print.lm`, `residuals.lm`, `summary.lm`.

| **S-PLUS** | **Formulas:** `formula` | **S-PLUS** |

Formulas definieren Modelle und werden in allen Funktionen gebraucht, die Modelle anpassen. Dabei werden die Gleichungen mit dem Tildeoperator ~ erzeugt. Die abhängige Variable steht links von ~, rechts stehen die unabhängigen Variablen, getrennt durch +. Eine ausführliche Beschreibung der Syntax findet man im Handbuch 'Guide to Statistical and Mathematical Analysis'. In Anlehnung daran geben wir hier eine kurze Zusammenfassung der Syntax für Formulas.

Ausdruck	**Bedeutung**
$T \sim F$	T wird wie F modelliert
$F_a + F_b$	F_a und F_b sind im Modell
$F_a - F_b$	Alles von F_a außer F_b ist im Modell
$F_a : F_b$	Interaktion zwischen F_a und F_b
$F_a * F_b$	$F_a + F_b + F_a : F_b$
$F_b \%in\% F_a$	F_b geschachtelt in F_a
F_a / F_b	$F_a + F_b \%in\% F_a$
$F\char`\^m$	Alle Terme in F gekreuzt bis zur Ordnung m

Wir wollen jetzt sehen, welche Informationen unsere Ergebnislisten enthalten. Dazu lassen Sie sich am besten zunächst mit

```
names(Listenname)
```

die Namen der Listenelemente ausgeben. Rufen Sie dann einzelne Listenelemente in bekannter Weise auf (L91). Schauen Sie sich insbesondere bei der Liste `lsout` die Koeffizienten (L91) und die Residuen (L92), bei der Liste `lmout` die Koeffizienten (L93), die Residuen (L94) und die angepaßten Werte an (L95). Wichtige Informationen erhalten Sie mit den Befehlen:

Ausgabe

- `ls.print(lsout)`
- `summary(lmout)`
- `anova(lmout)`

Modelldiagnose

Vergleichen Sie diese Ergebnisse mit denen in MSLamPC (Böker 1991) wo Sie evtl. auch Erläuterungen zu den hier verwendeten Begriffen finden. Ein wichtiger Schritt in einer Regressionsrechnung ist die Diagnose des Modells. Dazu gehört die Untersuchung, insbesondere die graphische Untersuchung der Residuen. Probieren Sie dazu die Befehle:

Polynomiale Regression

- `plot(residuals(lsout))`
- `plot(residuals(lmout))` **Residuen-**
- `plot(lmout)`   **plots**

Der letzte Befehl liefert Ihnen die meisten Informationen über die Residuen. Versuchen Sie die Graphiken zu verstehen. Für eine Erläuterung der Begriffe muß in dieser kurzen Einführung auf die Literatur verwiesen werden, die Sie z.T. im Hilfesystem finden können. Ist die Streuung der Residuen konstant (vgl. MSLamPC, Böker 1991)? In MSLamPC wurde aufgrund der Residuenplots eine logarithmische Transformation der Variablen `BSP` vorgeschlagen. Stellen Sie die Daten mit **Trans-** der transformierten Variablen `log(BSP)` graphisch dar, passen Sie eine Gerade **formation** an, und führen Sie die obigen Rechnungen und graphischen Darstellungen erneut durch. Verwenden Sie dabei den Befehl

```
lm
```

(L96-98). Schauen Sie sich wieder die Residuenplots an.

Polynomiale Regression:

In MSLamPC wurden schließlich Polynome an diesen Datensatz mit der transformierten Variablen `log(BSP)` angepaßt. Verwenden Sie den Befehl `lm`, um Polynome, vielleicht bis zum 4-ten Grad, an diese Daten anzupassen. Wenden Sie die Befehle

```
summary
```

und

```
anova
```

auf Ihre Ausgabelisten an. In MSLamPC wurde ein Polynom dritten Grades ohne quadratischen Term als Lösung gefunden. Versuchen Sie dies nachzuvollziehen. Zeichnen Sie die angepaßten Polynome mit der Funktion `prak24.fun`, die eine leichte Modifikation der Funktion `curve.plot` aus dem Buch von Becker, Chambers and Wilks (1988) ist (L99). Die Koeffzienten sind aus der Ausgabeliste zu bestimmen (vgl. L93).

Einlesen eines multivariaten Datensatzes als Data Frame, Scatterplotmatrix:

Kockläuner betrachtet außer der Variablen ERN noch drei weitere Indikatoren, die den Entwicklungsstand eines Landes beschreiben. Es sind ein Landwirtschaftsindex *LWS*, neben *BSP/Kopf* ein zweiter Lebensstandardindex *LS2* sowie ein Bevölkerungsindex *BEV*. Alle Variablen sind in der Datei *ERNBSP1.DAT* an der gewohnten Stelle zu finden. Wir wollen diese Daten jetzt mit dem Befehl

```
read.table
```

Suchliste

als **Data Frame einlesen**. Dabei sollen den Zeilen als Namen die Namen der Länder, die im Vektor land.vec stehen, und den Spalten die Variablennamen ERN, BSP, LWS, LS2 und BEV zugewiesen werden (L100). Nehmen Sie Ihr Data Frame in die Suchliste von S-PLUS auf (vgl. L79), so daß Sie Ihre Variablen direkt mit dem Variablennamen ansprechen können. Ordnen Sie die Spalten so um, daß sie in der gleichen Reihenfolge wie im Buch von Kockläuner stehen, nämlich BSP, LWS, ERN, LS2, BEV (L101). Überzeugen Sie sich, daß diese Umordnung gelungen ist, indem Sie die ersten 4 Zeilen des Data Frames aufrufen (L102). Wir wollen einen Überblick über die Daten und mögliche Zusammenhänge zwischen den Variablen gewinnen, indem wir uns die Daten paarweise durch Scatterplots, d.h. durch eine **Scatterplotmatrix** darstellen. Der Befehl ist:

```
pairs(dataframeName)
```

(L103).

S-PLUS	**Tabellen einlesen:** `read.table`	**S-PLUS**

Die Funktion `read.table` *liest Daten aus einem Textfile und erzeugt ein Data Frame. Das File ist als Argument* `file` *in Anführungszeichen, evtl. mit Pfadangaben einzugeben. Zeilen- und Spaltennamen können mit den optionalen Argumenten* `row.names` *und* `col.names` *angegeben werden. Stehen die Variablennamen in der ersten Zeile des Textfiles, so ist das optionale Argument* `header=T` *zu setzen.*

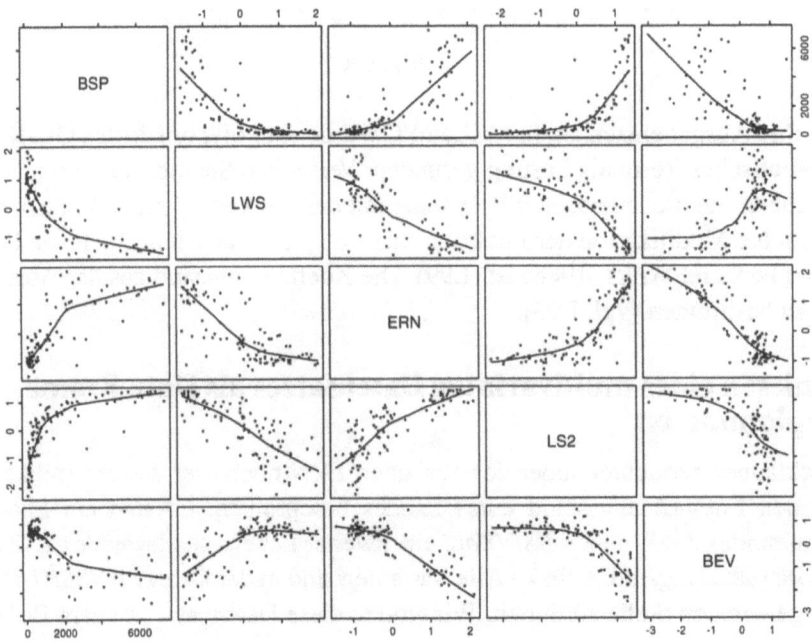

Abbildung 40: Scatterplotmatrix mit „lowess"-Anpassung

Interaktive Graphiken

In Abbildung 40 sehen Sie eine Scatterplotmatrix der Daten. Dort wurde lokal nach der „lowess"-Methode eine glatte Kurve angepaßt (siehe Cleveland (1979)). Besonders anschaulich wird diese Methode in Chambers, Cleveland, Kleiner und Tukey (1983) beschrieben. 'Lowess' steht für *locally weighted regression scatter plot smoothing*. Es wird nach der Methode der gewichteten kleinsten Quadrate lokal, d.h. für jedes Beobachtungspaar (x_*, y_*), eine Regressionsgerade berechnet. Die Idee ist ähnlich wie bei der nichtparametrischen Dichteschätzung, daß Punkte, die - hier in x-Richtung - weit entfernt sind von (x_*, y_*), wenig Einfluß auf die Gestalt der Kurve haben. Der Punkt (x_*, y_*) erhält das höchste Gewicht. Die Gewichte für benachbarte Punkte nehmen mit der Entfernung in x-Richtung ab. Außerhalb einer bestimmten Umgebung ist das Gewicht sogar 0. Für jedes Beobachtungspaar erhält man so einen geglätteten Punkt mit gleicher x-Koordinate, den Punkt auf der lokal angepaßten Geraden. Das ist das wesentliche der Methode, es sind jedoch noch weitere Schritte (Iterationen) eingebaut, um eine robuste Glättung zu erhalten (siehe Chambers u.a. (1983)). In Abbildung 40 wurden die geglätteten Punkte noch durch Linien verbunden. Sie erreichen diese Darstellung mit einem Befehl, der für einen anderen Datensatz als Beispiel in der Hilfe für den Befehl `pairs` angegeben ist. Kopieren Sie sich diesen Befehl mit *'Bearbeiten', 'Kopieren'* aus der Kommandoleiste des Hilfesystems und *'Edit', 'Paste'* aus der Kommandoleiste von S-PLUS in das Commandsfenster von S-PLUS (siehe Abbildung 41), setzen Sie den Namen Ihres Datensatzes ein, und führen Sie den Befehl durch (L104).

lowess

Kopieren aus Hilfe

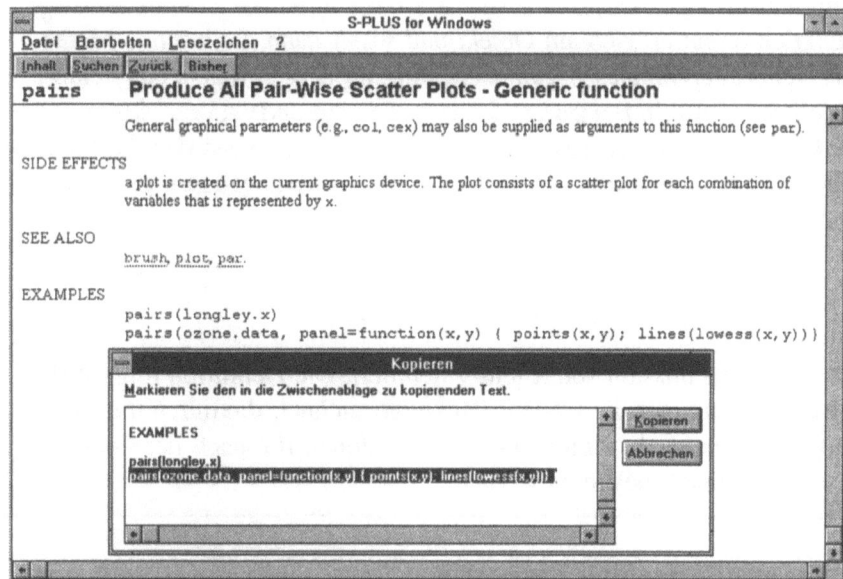

Abbildung 41: Kopieren aus dem Hilfesystem

Die Befehle `brush` und `spin`, interaktive Graphiken:

Mit dem Befehl `pairs` haben Sie ein Beispiel einer statischen graphischen Darstellung eines multivariaten Datensatzes kennengelernt. Dagegen erhalten Sie mit

`brush`

und

spin

interaktive Graphiken. Diese sind ausführlich im Handbuch beschrieben. Probieren Sie die dort beschriebenen Möglichkeiten für Ihren Datensatz aus. Diese beiden Befehle sind jedoch nicht für ein Data Frame anwendbar, da es nichtnumerische Werte enthält. Sie müssen Ihr Data Frame als Matrix übergeben. Informieren Sie sich unter

als Matrix übergeben

matrix

im Hilfesystem, wie Sie Ihr Data Frame als Matrix übergeben können (L105).

| **S-PLUS** | **Scatterplotmatrix:** `pairs` | **S-PLUS** |

Die Funktion `pairs` *ist eine generische Funktion, die Scatterplotmatrizen darstellt. Für Data Frames steht eine spezielle Methode zur Verfügung, die unter* `pairs.data.frame` *in der Hilfe beschrieben wird. Die Defaultmethode ist für Matrizen, die unter* `pairs.default` *beschrieben wird und eine Matrix als Datenargument verlangt, während* `pairs.data.frame` *ein Data Frame verlangt. Bei* `pairs` *sind Matrizen und Data Frames zulässig, die Funktion orientiert sich am Objekt und wählt dann die richtige Methode. Als weiteres optionales Argument bestimmt* `panel`, *was in den Feldern dargestellt werden soll. Bei* `pairs.data.frame` *und* `pairs.default` *ist der Defaultwert auf* `panel=points` *gesetzt, d.h. es werden die Punkte dargestellt. In dem unter EXAMPLES in der Hilfe zu* `pairs` *gegebenen Beispiel*

```
panel=function(x,y) { points(x,y);
        lines(lowess(x,y))}
```

wird `panel` *als Funktion von x und y definiert. Die Definition folgt in der geschweiften Klammer. Es werden Punkte gezeichnet, die durch die Koordinaten von x und y bestimmt sind, ferner Linien, die nach der Funktion* `lowess` *aus x und y bestimmt werden.*

Korrelationsmatrix, multiple Regression:

Lassen Sie sich die geschätzte Korrelationsmatrix für Ihre Daten ausgeben (L106). In der Ausgabe erhalten Sie einen Korrelationskoeffizienten, der größer ist als 1, außerdem ist die Ausgabe mit den vielen Nachkommastellen unübersichtlich. Benutzen Sie die Befehle

Daten runden

print oder round,

um eine Ausgabe mit drei Nachkommastellen zu erreichen (L107).

Multiple Regression

S-PLUS   **Scatterplotglättung:** `lowess`   **S-PLUS**

Die Funktion `lowess` bestimmt eine robuste Scatterplotglättung. Die Syntax ist

```
lowess(x, y, f=2/3, iter=3, delta=.01*range(x)).
```

Verlangte Argumente sind also die Datenvektoren x und y. Mit f kann der Anteil der für die Berechnung der Glättung benutzten Punkte bestimmt werden. Je größer f, desto glatter die Kurve. Mit `iter` wird die Anzahl der Iterationen festgelegt, die man benutzt, um robuste Schätzungen zu erhalten. Schließlich kann man mit `delta` festlegen, daß bei sehr nahe zusammenliegenden Punkten (< `delta`) nicht separat geglättet, sondern linear interpoliert wird.

S-PLUS   **Als Matrix:** `as.matrix`   **S-PLUS**

Mit der generischen Funktion `as.matrix` kann ein S-PLUS-Objekt x als Matrix übergeben werden. Ist x schon eine Matrix, ändert sich nichts. Andernfalls wird eine Matrix mit einer Spalte gebildet. Für Data Frames gibt es jedoch eine spezielle Methode, nämlich `as.matrix.data.frame`, wobei die Dimension und der `mode` der Matrix von dem Data Frame abhängen können. Die genauen Regeln sind in der Hilfe unter `as.matrix.data.frame` im Punkt DETAILS angegeben. Es ist nicht nötig, für Data Frames `as.matrix.data.frame` aufzurufen, da es wegen der Objektorientierung von `as.matrix` für Data Frames automatisch aufgerufen wird.

S-PLUS   **Anzahl der ausgegebenen Stellen:** `digits`   **S-PLUS**

Mit dem optionalen Argument `digits` kann in `print` und `round` und auch in anderen Ausgabebefehlen (z.B. `format`) die Anzahl der ausgegebenen Stellen bestimmt werden. Dabei gibt es jedoch verschiedene Bedeutungen. In `round` ist es die Anzahl der Nachkommastellen, in `print` die Anzahl der ausgegebenen Stellen. Eine Beschreibung von `digits` findet man in der Hilfe zu `round`.

Kockläuner(1988) paßt in seinem Buch ein multiples Regressionsmodell an die Daten an mit BSP als abhängiger und ERN und LWS als unabhängigen Variablen. Passen Sie mit dem Befehl

`lm`

solch ein multiples Regressionsmodell an (L108), und lassen Sie sich die wichtigsten Ergebnisse mit den schon bekannten Befehlen ausgeben (siehe z.B. L109).

Führen Sie bei Interesse weitere Schritte durch, die zu einer kompletten Analyse gehören sollten.

Beispiel: Wahlen zum US-Senat; Einlesen der Daten, Plots, Identifizierung

Der an der üblichen Stelle abgelegte Datensatz *SENATSP.DAT* soll als

```
Data Frame
```

Zeilenname

eingelesen werden (L110, siehe auch S. 78). Es handelt sich um Daten zu den Senatswahlen in den USA im Jahre 1974 (Stearns (1988), dort angegebene Quelle: United States Federal Election Commission Annual Report 1980/84, FEC Reports on Financial Activity 1983-1984, Interim Report No. 9, U.S. Senate and House Campaigns). Die Variablen sind in dieser Reihenfolge: Bundesstaat (*Staat*), Name des Kandidaten (*Kand*), Stimmenanteil in % in dem jeweiligen Bundesstaat (*Stimm*), Anteil an den Wahlkampfausgaben in % in dem jeweiligen Bundesstaat (*Kost*), Geschlecht des Kandidaten (*Geschl*, 0 für männlich, 1 für weiblich), Republikaner (*Rep*, 0 für „Nein", 1 für „Ja"), Demokrat (*Dem*, 0 für „Nein", 1 für „Ja"), bisheriger Senator (*Sen*, 0 für „Nein", 1 für „Ja"), Wahlkampfausgaben des Kandidaten in US $ (*KostDoll*). Beim Einlesen ist zu beachten, daß in der Kopfzeile der Datenmatrix die Variablennamen stehen (L110). Die Variable *Name des Kandidaten* ist beim Einlesen nach L110 als Zeilenname interpretiert worden. Informieren Sie sich im Hilfesystem, warum diese Variable und nicht die Variable *Bundesstaat* als Zeilenname interpretiert wurde und wie man dies abändern kann (L111). Wir wollen diesen Datensatz rein deskriptiv in Form von Graphiken und Tabellen betrachten. Lassen Sie dazu diesen Datensatz zunächst in die Suchliste von S-PLUS aufnehmen (vgl. L79). Plotten Sie die Variablen *Kost* und *Stimm* bzw. die Variablen *Stimm* und *KostDoll* gegeneinander. Identifizieren Sie dann einzelne Punkte nach dem Bundesstaat bzw. dem Kandidatennamen. Bilden Sie sich gegebenenfalls eine neue Variable, die den Namen des Staates auf zwei Stellen abkürzt.

S-PLUS	**Zeilennamen:** `row.names`	**S-PLUS**

Die Funktion `read.table` *für das Einlesen von Data Frames verwendet das optionale Argument* `row.names`, *um den Zeilen Namen zu geben. Wird dieses Argument nicht angegeben, so bildet S-PLUS aus der ersten nicht numerischen Variablen ohne Wiederholungen die Zeilennamen. Will man dies verhindern, so muß man entweder das optionale Argument* `row.names` *spezifizieren oder* `row.names=NULL` *setzen. Im letzten Fall werden die Zeilennummern als Zeilennamen verwendet.*

Plotsymbol nach Gruppenzugehörigkeit:

Wir wollen jetzt eine Graphik konstruieren, die als Plotsymbole die Buchstaben R, D, S für *Republikaner*, *Demokraten* und *Sonstige* verwendet, wie es

Plotsymbol nach Gruppen 83

Abbildung 42 zeigt.

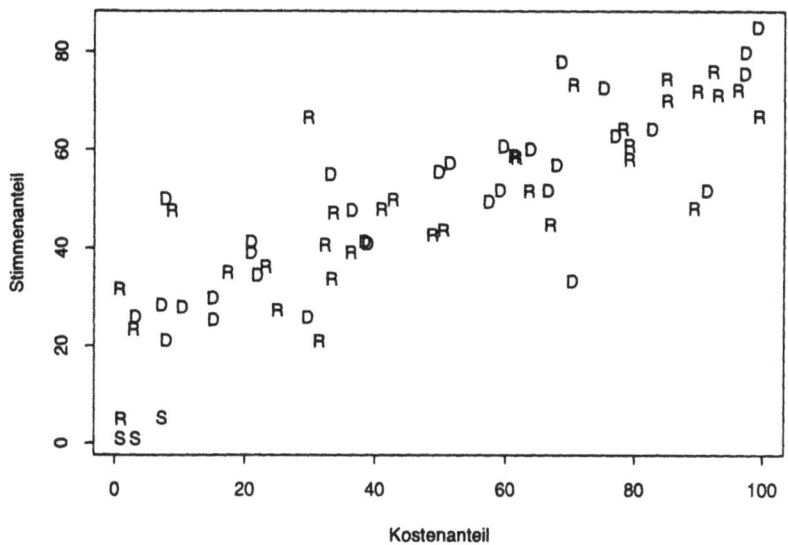

Abbildung 42: Scatterplot nach Parteizugehörigkeit

Gehen Sie in folgenden Schritten vor:

1. Plotten Sie die Variablen *Kost* und *Stimm* gegeneinander, ohne Plotsymbole zu verwenden. (Suchen Sie unter **Plot ohne Symbole**

   type

   bei den graphischen Parametern, L112, siehe auch S. 45.)

2. Bestimmen Sie die Zeilenanzahl Ihres Data Frames (L113).

3. Erzeugen Sie sich einen Vektor mit dem Namen ParteiLabel, dessen Länge mit der Zeilenanzahl übereinstimmt. Setzen Sie zunächst alle Elemente gleich "S". Benutzen Sie dazu den Befehl rep (L114). **rep**

4. Falls Rep=1, setzen Sie ParteiLabel=R (L115). **Logische Vergleiche**

5. Falls Dem=1, setzen Sie ParteiLabel=D (L116).

6. Mit dem Befehl

   text

   Text an Punkte

   (vgl. L83) schreiben wir ParteiLabel an die entsprechenden Koordinaten der Variablen Kost und Stimm (L117).

Erstellen Sie auch solche Graphiken für die Variable Geschl und Sen. Besonders eindrucksvoll ist auch die Darstellung mit Stimm als x-Variable und KostDoll als y-Variable. Identifizieren Sie dann einige besonders auffällige **identifizieren**

Punkte zunächst nach dem Namen und dann nach dem Staat, wie es Abbildung 43 zeigt.

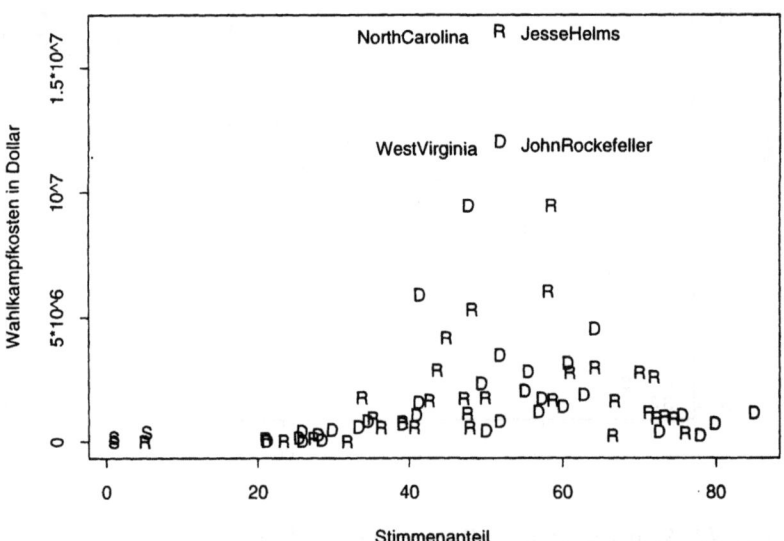

Abbildung 43: Scatterplot nach Parteizugehörigkeit mit Identifikation

Häufigkeitstabellen:

Wir wollen die Daten in Form von Häufigkeitstabellen ansehen (E: *'table'*). Geben Sie zunächst eindimensionale Tabellen aus, z.B. für die Variable `Geschl` oder `Sen` (L118). Geben Sie auch eine Tabelle aus, die uns die Parteizughörigkeit angibt. Dazu verwenden Sie am besten das oben in L114-116 definierte `ParteiLabel`, das Sie in Partei umbenennen (L119). In dieser Tabelle überrascht vielleicht die ungleiche Anzahl von Republikanern und Demokraten. Das liegt daran, daß Ihre Datei für *Georgia* nur einen Kandidaten enthält. Da dieser jedoch ein Demokrat ist, müßte eigentlich die Anzahl der Demokraten um 1 größer sein als die Anzahl der Republikaner. Die Datei enthält offensichtlich einen Übertragungsfehler. In einem Staat gibt es nach unserer Datei zwei Republikaner. Finden Sie diesen Staat, indem Sie sich die Variable `Staat` für alle Republikaner auflisten lassen, d.h. lassen Sie sich `Staat` nur dann ausgeben, wenn $Rep = 1$ ist (L120). Da wir diesen Fehler nicht klären können, wollen wir die Daten für diesen Staat aus unserem Data Frame entfernen (L121). Sie müssen die geänderte Datei in die Suchliste von S-PLUS aufnehmen (vgl. L79). Falls Sie die Variablen `Datei` oder `ParteiLabel` weiter verwenden wollen, müssen Sie diese auch ändern (L122). Geben Sie die Tabelle für die Parteizugehörigkeit neu aus. Die Tabellen sind unschön, da sie im Kopf nur die Werte der Variablen enthalten, z.B. bei den Variablen `Geschl` und `Sen` die Zahlen 0 bzw. 1. Diese Zahlen sollen jetzt durch 'Label' ersetzt werden, z.B. bei der Variablen `Geschl` das 'Label' Mann statt des 'Levels' 0 und das 'Label' Frau statt 1. Dazu müssen die Variablen in S-PLUS-Objekte vom Typ

Logischer Vergleich

Label

S-PLUS-Objekt: factor

`factor`

umgewandelt werden, zunächst die diskreten Variablen `Geschl`, `Partei`,

Häufigkeitstabellen

Sen. Die Namen der Faktoren wollen wir durch die Endung .fac kennzeichnen. Geben Sie den Kategorien Ihrer Variablen geeignete Label (L123-125). Rufen Sie dann die Tabellen mit den Faktoren als Argumenten neu auf (L126). Auch die stetigen Variablen Stimm und Kost sollen in Faktoren mit den Kategorien $\geq 50\%$ und $< 50\%$ umgewandelt werden. Verwenden Sie dazu zunächst den Befehl

$$cut$$

(L127), der Ihnen ein S-PLUS-Objekt vom Typ category und noch keinen Faktor erzeugt. Verwenden Sie für diese Objekte die Endung .cat. Lassen Sie sich für beide Variablen mit dem Befehl

S-PLUS-Objekt: category

$$table$$

die eindimensionalen Häufigkeitstabellen ausgeben. Dabei wird Ihnen auffallen, daß die Anzahl der „Stimmensieger" um 1 kleiner ist als die Anzahl der „Kostensieger", die mit der Anzahl der Staaten übereinstimmt. Sie haben also mit dem Schnittpunkt 50 noch nicht alle Wahlsieger erfaßt. Ein Wahlsieger wird entweder genau 50% oder weniger erhalten haben. Versuchen Sie diesen Wahlsieger herauszufinden, insbesondere den Prozentsatz, mit dem er die Wahl gewonnen hat. Es ist die Absicht, im folgenden mehrdimensionale Tabellen zu erzeugen, bei denen nach Wahlsiegern und Verlierern unterschieden werden soll. Lassen Sie sich zu diesem Zweck die Variablen Staat und Stimm ausgeben (L128). Die Ausgabe ist etwas lang, und Sie müssen lange suchen. Lassen Sie sich daher nur diejenigen Zeilen ausgeben, für die der Stimmenanteil $\leq 50\%$ ist (L129). Die Ausgabe ist immer noch sehr lang. Beschränken Sie sich daher auf diejenigen Zeilen, für die der Stimmenanteil $\leq 50\%$ und $> 40\%$ ist (L130). Ermitteln Sie aus dieser Ausgabe einen neuen Schnittpunkt, den Sie in dem Befehl cut verwenden können, um die Wahlsieger von den Verlierern zu trennen, und führen Sie diesen Befehl dann aus (L131). Lassen Sie sich das Ergebnis ausgeben. Standardmäßig werden die level 1 und 2 verwendet. Es werden nicht, wie bei Faktoren, die Label ausgegeben. Dazu müssen Sie das S-PLUS-Objekt vom Typ category noch mit dem Befehl

Logische Vergleiche

$$factor$$

in einen Faktor umwandeln (L132).

S-PLUS	**Kontingenztafeln:** table	**S-PLUS**

Die Funktion table *erzeugt eine Kontingenztafel, deren Dimension der Anzahl der Argumente entspricht. Als Argumente sind kategoriale Variablen, d.h. Variablen, die nur endlich viele Werte annehmen können, zu verwenden. Die Länge der Argumente muß für alle Argumente gleich sein.*

| S-PLUS | **Faktoren** | S-PLUS |

S-PLUS hat für qualitative oder kategoriale Variablen Objekte vom Typ `factor` *zur Verfügung. Sie besitzen ein* `"class"`-*Attribut. Daher ist es möglich, spezifische Methodenfunktionen für sie zu schreiben. Die generische Funktion* `print` *verwendet die weiter oben als Unterfunktion bezeichnete Methode* `print.factor`, *die beim Aufruf von* `print` *mit einem Faktor als Argument verwendet wird. Ruft man dagegen die Funktion* `print.default` *für einen Faktor auf, so sieht man, wie ein Faktor intern gespeichert wird, nämlich als ein Vektor, der die Zahlen* $1, 2, \ldots a$ *annimmt, wobei* a *die Anzahl der verschiedenen Werte, der Level, ist, die der Faktor annehmen kann. Dieser Vektor ist mit zwei Attributen versehen, dem Attribut* `levels`, *das sind die tatsächlichen Werte, die der Faktor annimmt (z.B. rot, grün, blau, gelb) und dem* `class`-*Attribut* `factor`.

| S-PLUS | **Faktoren definieren:** `factor` | S-PLUS |

Faktoren werden mit der S-PLUS-Funktion `factor` *erzeugt, wobei der Datenvektor* x *als Argument, das nur endlich viele Werte (*`levels`*) annehmen kann, verlangt wird. Optional können die* `levels` *vereinbart werden. Dann werden nur diejenigen Werte in den Faktor aufgenommen, die unter den* `levels` *vorkommen. Andere Werte werden als fehlende Werte* `NA` *behandelt. Optional können mit* `labels` *noch Label für die Level eingegeben werden, die dann anstelle der Level verwendet werden. Standardmäßig werden die in Characterwerte verwandelten Level verwendet.*

| S-PLUS | **Daten gruppieren:** `cut` | S-PLUS |

Die Funktion `cut` *erzeugt kategoriale Daten, indem stetige Daten in Intervalle aufgeteilt werden. Dabei ist der Datenvektor einzugeben. Ferner sind mit* `breaks` *die Schnittpunkte oder die Anzahl der gleichlangen Intervalle einzugeben. Die erzeugten Objekte sind vom Typ* `category`, *eine Objektklasse, die in Zukunft durch* `factor` *und* `ordered` *ersetzt werden soll (siehe Hilfe).*

Typ von S-PLUS-Objekten:

Sie haben jetzt schon viele verschiedene Typen von S-PLUS-Objekten kennengelernt: Vektoren, Matrizen, Listen, Data Frames, Faktoren und Kategorien. Falls Sie nicht wissen, ob ein bestimmtes Objekt eine Matrix ist, können Sie den Befehl

```
is.matrix
```

verwenden. Als Antwort werden Sie `"T"` für „wahr" oder `"F"` für „falsch"
erhalten. Entsprechend gibt es die Befehle

```
is.vector, is.list
```

usw.. Probieren Sie diese Befehle an Ihren Objekten aus, und informieren Sie sich auch über die Befehle mit `as` statt `is` (ab S-PLUS-Version 3.3 siehe auch Anhang A1).

S-PLUS   **Abfrage des Objekttyps:** `is.`   **S-PLUS**

Um zu prüfen, ob ein Objekt von einem bestimmten Typ ist, gibt es die Funktionen `is.`*, wobei nach dem Punkt noch der zu prüfende Datentyp anzuhängen ist, also* `is.vector, is.matrix, is.array, is.list, is.factor` *und* `is.data.frame`*. Das Ergebnis ist TRUE (T) oder FALSE (F), je nachdem, ob das Objekt von dem Datentyp ist. Die Ergebnisse für verschiedene Datentypen schließen sich nicht aus, so sind Matrizen auch Arrays. Die Funktionen* `as.`*, wobei nach dem Namen wieder der Datentyp anzuhängen ist, also* `as.vector, as.matrix, as.array, as.list, as.factor` *und* `as.data.frame`*, zwingen ein Objekt in einen bestimmten Datentyp, natürlich nur so weit es möglich ist.*

Binomialtest:

Jetzt wollen wir uns 2-dimensionale Häufigkeitstabellen erstellen, z.B. für die „Stimmen-" und „Kostensieger" (L133). Es ist offensichtlich, daß hier ein Zusammenhang zwischen den beiden Variablen besteht.

Der χ^2-Test prüft in solchen Fällen die Hypothese der Unabhängigkeit zwischen den beiden Variablen. Dieser Test ist hier wegen des speziellen Erhebungsverfahrens nicht angebracht. Um dies besser einsehen zu können, entfernen Sie bitte die drei Kandidaten der „sonstigen Parteien" und den „Stimmen-" und „Kostensieger" aus dem Staat, von dem nur das eine Ergebnis vorliegt, aus Ihrer Tabelle. Sie können jedoch, am besten für die so bereinigten Daten, den Binomialtest mit dem Befehl

```
binom.test
```

anwenden, um z.B. die Hypothese zu prüfen, daß die Chance, bei der Wahl zu gewinnen, nicht vom Geld abhängt, die Wahrscheinlichkeit für einen Wahlerfolg also gleich 0.5 ist.

Führen Sie diesen Test durch, evtl. auch für einige andere sinnvolle Hypothesen (L134). Drucken Sie sich evtl. noch einige mehrdimensionale Tabellen aus. Welche Faktoren, wie z.B. Geschlecht, Partei, bisherige Senatszugehörigkeit spielen außer Geld noch eine Rolle, um gewählt zu werden?

| S-PLUS | **Binomialtest:** `binom.test` | S-PLUS |

Die Funktion `binom.test` prüft Hypothesen über den Parameter p einer Binomialverteilung $B(n,p)$. Als Argumente sind `x` und `n` einzugeben, wobei `x` die Anzahl der Erfolge in n Versuchen ist. Standardmäßig wird die Hypothese `p=0.5` gegen eine zweiseitige Alternative getestet. Beides kann durch die optionalen Argumente `p` und `alternative` geändert werden. Das Ergebnis wird in einer Liste der Klasse `htest` ausgegeben (siehe S. 37).

Ende:

Das Tutorial und damit auch der wesentliche Teil des Buches endet hier - vielleicht etwas unvermittelt. Wer jedoch intensiv die Übungen durchgearbeitet, sich durch das Hilfesystem gequält und gelegentlich auch einen Blick in die Handbücher geworfen hat, sollte jetzt in der Lage sein, sich selbständig in der Hilfe zurechtzufinden, die Handbücher oder weitergehende Literatur über S-PLUS zu lesen.

Literatur

BECKER, R. A., CHAMBERS, J. M. und WILKS, A. R. (1988): The New S Language, A Programming Environment for Data Analysis and Graphics. Wadsworth & Brooks/ Cole, Pacific Grove, California.

BÖKER, F. (1991): Mehr Statistik lernen am PC, Programmbeschreibungen, Übungen und Lernziele zum Statistikprogrammpaket GSTAT2, Vandenhoeck & Ruprecht, Göttingen (MSLamPC).

BÖKER, F. (1993): Statistik lernen am PC, Programmbeschreibungen, Übungen und Lernziele zum Statistikprogrammpaket GSTAT. 2., neubearb. Auflage, Vandenhoeck & Ruprecht, Göttingen.

BÖKER, F. (1996): A Bootstrap Based Chi-Square Goodness-Of-Fit-Test for Continuous Distributions. Allg. Statist. Archiv 80, 207-218.

BÖKER, F. und DANNENBERG, O. (1996): Explorative Data Analysis for a Comparison of Statistical Test Procedures. In SoftStat'95, Advances in Statistical Software 5, Herausgeber F. Faulbaum und W. Bandilla, Lucius & Lucius, Stuttgart, 97-104.

CHAMBERS, J. M., CLEVELAND, W. S., KLEINER, B. und TUKEY, P. A. (1983): Graphical Methods for Data Analysis. Wadsworth, Belmont, California.

CHAMBERS, J. M. und HASTIE, T. J. (1992): Statistical Models in S. Wadsworth & Brooks/ Cole, Pacific Grove, California.

CLEVELAND, W. S. (1979): Robust locally weighted regression and smoothing scatterplots. Journal of the American Statistical Association 74, 829-836.

DRAPER, M. (1989): Persönliche Mitteilung, Amsterdam.

EFRON, B. und TIBSHIRANI, R. J. (1994): An Introduction to the Bootstrap. Chapman & Hall, New York und London.

EVERITT, B. S. (1994): Statistical Analyses using S-PLUS. Chapman & Hall, London.

KOCKLÄUNER, G. (1988): Angewandte Regressionsanalyse mit SPSS, Vieweg, Braunschweig.

KRAUSE, A. (1997): Einführung in S und S-PLUS, Springer Verlag, Berlin.

LEWANDOWSKI, A. (1987): Zur Auswahl approximierender Dichten, die Linearkombination orthogonaler Funktionen sind. Diplomarbeit, Institut für Statistik und Ökonometrie, Universität Göttingen.

LINHART, H. und ZUCCHINI, W. (1991): Statistik Eins, Birkhäuser, Basel.

SPECTOR, P. (1994): An Introduction to S and S-Plus. Duxberry-Press, Belmont.

STATISTICAL SCIENCES, INC. (1995): Guide to Statistical and Mathematical Analysis, Version 3.3, Statistical Sciences, Inc., Seattle.

STATISTICAL SCIENCES, INC. (1993): S-PLUS Programmer's Manual, Version 3.2 for Windows, Statistical Sciences, Inc., Seattle.

STATISTICAL SCIENCES, INC. (1995): S-PLUS Programmer's Manual Supplement, Version 3.3 for Windows, Statistical Sciences, Inc., Seattle.

STATISTICAL SCIENCES, INC. (1993): S-PLUS for Windows Reference Manual Volume 1+2, Version 3.3, Statistical Sciences, Inc., Seattle.

STATISTICAL SCIENCES, INC. (1995): S-PLUS Trellis Graphics User's Manual, Version 3.3 for Windows, Statistical Sciences, Inc., Seattle.

STATISTICAL SCIENCES, INC. (1995): S-PLUS User's Manual, Version 3.3 for Windows, Statistical Sciences, Inc., Seattle.

STEARNS, P. B. (1988): Regression Analysis Project "The Best Senate Money Can Buy" Persönliche Mitteilung.

SÜSELBECK, B. (1993): S und S-PLUS, Gustav Fischer, Stuttgart.

VENABLES, W. N. und RIPLEY, B.D. (1994): Modern Applied Statistics with S-Plus. Springer Verlag, New York

Anhang

A1: Der Objektmanager in S-PLUS-Version 3.3

Ab Version 3.3 besitzt S-PLUS einen Objektmanager, der über *'Tools'* in der Kommandoleiste angewählt werden kann.

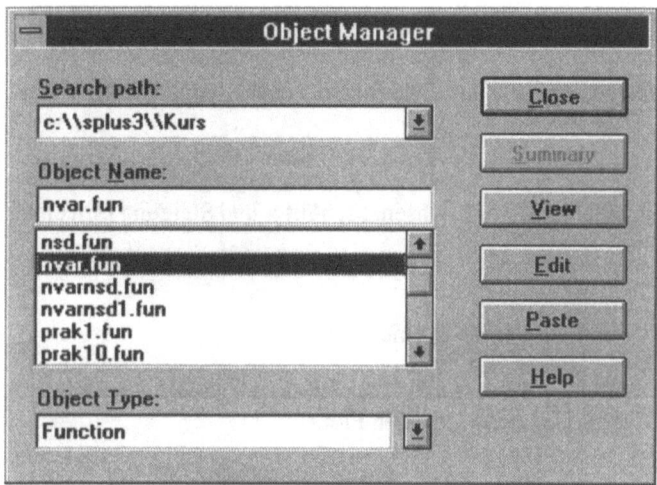

Abbildung 44: Der Objektmanager von S-PLUS

Über *'Search path'* kann das S-PLUS-Verzeichnis ausgewählt werden, aus dem Sie sich alle oder eine Teilmenge der darin enthaltenen S-PLUS-Objekte auflisten lassen möchten. Unter *'Object Name'* stehen die Namen aller Objekte, die den mit *'Object Type'* ausgewählten Typ (z.B. Function) haben. Wählen Sie den Typ All, werden alle Objekte aufgelistet. Unter *'Object Name'* können Sie jetzt mit der Maus ein einzelnes Objekt anklicken, auf die dann die rechts stehenden Befehle angewendet werden können. *'Summary'* entspricht dem Befehl summary. Mit *'View'* werden die Daten aufgelistet, mit *'Edit'* können sie editiert werden, z.B. auch korrigiert werden. Bei Funktionen wird der gleiche Editor wie mit fix aufgerufen. Mit *'Paste'* wird ein Befehl in das Commandsfenster kopiert, der das entsprechende Objekt dann auflistet. Mit *'Help'* bekommt man Hilfe zum Objektmanager, mit *'Close'* wird der Objektmanager wieder geschlossen.

A2: Benutzte S-PLUS-Funktionen

Wir geben hier einen Anhang mit den **benutzten** S-PLUS-Funktionen, wobei die Betonung von 'benutzten' ernst gemeint ist. Sie sollten in diesem Anhang erst dann suchen, wenn Sie diese Funktionen schon benutzt haben, sich aber vielleicht nicht mehr genau erinnern können, was sie machen oder die Argumente vergessen haben. Auf **keinen** Fall soll dieser Anhang Handbuch oder Hilfesystem ersetzen. Mit *S.* wird auf die Seitenzahl im Text, mit *L* auf die Lösungen, mit *P* auf die Lösungsfunktionen prak*.fun verwiesen. Fettgedruckte Seitenzahlen verweisen auf S-PLUS-Boxen.

?Name

> S.12: On-Line-Hilfe über eine S-PLUS-Funktion oder Operation oder über S-PLUS-Objekte.

`<-`
> S.10, 28, 57; L11, 24: Weist einem Objekt einen Namen zu und speichert es unter diesem Namen.

`==`
> S.53; L115-116, 120; P15: Gleichheitszeichen in logischen Vergleichen.

`&`
> L130: „Und" in logischen Vergleichen.

`.First()`
> S.73: Die als Argumente angegebenen Funktionen werden beim Starten von S-PLUS ausgeführt.

`abline(a,b)`
> S.46, **75**; P8, 12: Zeichnet Gerade mit Achsenabschnitt a und Steigung b in einen Plot.

`abline(h=)`
> S.39; P3: Zeichnet horizontale Gerade in einen Plot.

`abline(v=)`
> S.39; P2-3: Zeichnet vertikale Gerade in einen Plot.

`abline(reg)`
> S.74; L87-89, 98: Zeichnet Regressionsgerade in einen Plot, wobei `reg` Ausgabe einer Regressionsrechnung, z.B. von `lsfit` sein kann.

`anova(object, ...)`
> S.76, **75**; L109: Berechnet Tabelle der Varianzanalyse. Dabei kann `object` z.B. Ausgabe von `lm` sein.

`anova.lm(object, ..., test)`
> S.**75**: Methode der Funktion anova für Objekte der Klasse `lm`.

`apply(X, MARGIN, FUN, ...)`
> S.63, **65**; L54, 56-57; P19-22: Wendet die durch `FUN` spezifizierte Funktion auf die Zeilen (falls `MARGIN=1`) oder Spalten (falls `MARGIN=2`) der Matrix X an. X kann auch ein „array" sein. Argumente zu der Funktion `FUN` können als weitere Argumente zu `apply` angegeben werden.

`arg.dialog(fun, ...)`
> S.21: Ruft eine Dialogbox mit Feldern für die Argumente der Funktion `fun` auf. Die Argumente können in die Felder eingetragen werden.

`args(x)`
> S.52: Gibt die Argumente und ihre Defaultwerte für die Funktion x an.

`array(data=NA, dim, dimnames=NULL)`
> S.**65**: Erzeugt Arrays, d.h. Matrizen oder höherdimensionale Verallgemeinerungen von Matrizen.

`as.array(x)`
> S. **87**: Verwandelt x in ein Array.

`as.data.frame(x)`
> S.**87**: Verwandelt x in ein Data Frame.

S-PLUS-Funktionen

`as.factor(x)`
: S.87: Verwandelt x in einen Faktor.

`as.list(x)`
: S.87: Verwandelt x in eine Liste.

`as.matrix(x)`
: S.80, **81, 87**; L105: Verwandelt x in eine Matrix.

`as.matrix.data.frame(x)`
: S. 81: Verwandelt Data Frame in eine Matrix.

`as.vector(x)`
: S.87: Verwandelt x in einen Vektor.

`attach(what=NULL, pos=2, name)`
: S.72, **73**; L79, 121: Nimmt ein Verzeichnis, Data Frame oder eine Liste in die Suchliste von S-PLUS auf.

`axes(main, sub, xlab, ylab, axes=T)`
: S. 35 : Fügt Titel über bzw. unter eine Graphik und beschriftet die Achsen. Mit `main`, `sub`, `xlab` und `ylab` innerhalb eines Graphikbefehls wie `hist` oder `plot` erreicht man dasselbe (siehe auch `title`).

`barplot(height, ...)`
: S.20, **23**: Zeichnet ein Balkendiagramm.

`binom.test(x, n, p=0.5, alternative=``two.sided'')`
: S. **37**, 87; L134: Führt Test über den Parameter p der Binomialverteilung $B(n,p)$ durch, gegeben x die Anzahl der Erfolge in n Versuchen.

`boxplot()`
: S.66, **67**: Erzeugt Boxplots von einem oder mehreren Vektoren.

`break`
: S.60: Bricht Iteration ab.

`brush(x, collab, rowlab, hist=F, spin=T)`
: S.80; L105: Erzeugt paarweise Scatterplots von allen Variablen und optionale Histogramme und einen „Spinning-Plot" (Drehung von 3 Variablen). Interaktiv können einzelne Punkte markiert werden.

`c(...)`
: S.41, 44, **42**; L37: Verbindet S-PLUS-Objekte in eine Liste (falls mindestens eines der angegebenen S-PLUS-Objekte eine Liste ist) oder einen Vektor (Regelfall).

`cat(...,file, sep="", fill=F)`
: S.62, **62**; P18-23: Verwandelt Argumente in „character"-Typ und druckt sie in der Standardausgabe oder schreibt sie in eine Datei.

`cbind(...)`
: S. 62; L44, 55, 58, 128-130: Verbindet Vektoren oder Matrizen spaltenweise zu einer Matrix.

`cdf.compare(x, y=NULL, distribution="normal", ...)`
: S. 47: Vergleicht für eine Stichprobe die empirische Verteilungsfunktion mit einer hypothetischen Verteilungsfunktion. Für zwei Stichproben werden die beiden empirischen Verteilungsfunktionen verglichen.

`ceiling(x)`
    S.57: Kleinste ganze Zahl $\geq x$.

`chisq.gof(x, n.classes=ceiling(2*(length(x)^(2/5))),`
        `cut.points=NULL, distribution="normal",`
        `n.param.est=0, ...)`
    S.55, **57**; L20-22, 24, 30, 35: Führt einen χ^2-Anpassungstest durch.

`chisq.test(x, y=NULL, correct=T)`
    S. 37: Führt χ^2-Test von Pearson für eine zweidimensinale Kontingenztafel durch.

`coefficients(object)` oder `coef(object)`
    S.**75**, 76; L93: Übergibt die geschätzten Koeffizienten eines in `object` angepaßten Modells.

`col.names(x)`
    L100: Ändert oder gibt die Spaltennamen eines Data Frames an.

`cor(x, y=x)`
    S.68, **69**; L63-65, 106-107; P23: Berechnet die Korrelation von einem oder zwei Vektoren oder einer Matrix.

`cor.test(x, y, alternative="two.sided", method="pearson")`
    S. 37: Testet, ob zwei Vektoren unkorreliert sind, wobei der Korrelationskoeffizient von Pearson, Kendalls τ oder Spearmans Rangkorrelationskoeffizient benutzt werden.

`cut(x, breaks, labels)`
    S.21,85,85,**86**; L127, 131: Bildet aus einer stetigen Variablen ein Objekt vom Typ `category`. Dabei können entweder die Schnittpunkte oder die Anzahl der gleichlangen Intervalle angegeben werden.

`data.dump(list, file="dumpdata")`
    Siehe `data.restore`: Erzeugt ein File in ASCII-Format der in `list` aufgeführten Objekte.

`data.frame(...)`
    S.71, **73**; L76: Erzeugt ein Data Frame aus Vektoren, Matrizen oder anderen Data Frames.

`data.restore(file, print=F)`
    S.8: Fügt Objekte in das lokale _Data-Verzeichnis, die zuvor mit `data.dump` in `file` geschrieben wurden.

`density(x, ...)`
    S.49, **49**; P10: Berechnet nichtparametrische Dichteschätzung.

`detach(what=2, save=T)`
    S.73: Entfernt ein Datenverzeichnis aus der Suchliste von S-PLUS.

`dev.copy(device, ..., which)`
    S.**34**: Öffnet das durch `device` angegebene Graphik-Device oder benutzt das durch `which` gegebene Device. Es kopiert die aktuelle Graphik in dieses Device und macht es zum aktuellen Device.

`dev.off(which=dev.cur())`
    S.17, 32: Schließt das durch `which` bezeichnete Graphikfenster (graphic device); Defaultwert ist das aktuelle Graphikfenster.

S-PLUS-Funktionen

`dev.print(device=win.printer(), ...)`
> S.33, **34**: Kopiert die aktuelle Graphik in ein anderes Graphik-Device.

`dev.set(which)`
> S.17: Ändert das aktuelle Graphikfenster (graphic device) in `which`, das jedoch vorher aktiviert sein muß.

`dim(x)`
> S.**64**: Ändert oder gibt das Dimensionsattribut an, das die Dimension einer Matrix, eines Arrays oder eines Data Frames beschreibt.

`dimnames(x)`
> S.**64**, 68, **68**, 71; L62, 72-73: Ändert oder gibt die Namen der Zeilen oder Spalten einer Matrix an (auch für `arrays` möglich).

`dnorm(x, mean=0, sd=1)`
> S.24; L8: Berechnet Dichte der Normalverteilung.

`dos(command)`
> S.33: Führt einen DOS-Befehl aus, der in Anführungszeichen einzugeben ist.

`dt(x, df)`
> S.38; P2: Berechnet Dichte der t-Verteilung mit `df` Freiheitsgraden.

`factor(x, levels, labels, exclude=NA)`
> S.84, **86**; L123-125, 132: Erzeugt aus den Daten (Vektor mit endlich vielen möglichen Werten, den `levels`) ein Objekt vom Typ `factor`, dessen Klassen durch `labels` gegeben sind.

`fisher.test(x, y=NULL)`
> S. **37**: Führt den exakten Test von Fisher für zweidimensionale Kontingenztafeln durch.

`fitted.values(object)` oder `fitted(object)`
> S. 76; L95: Übergibt die angepaßten Werte eines Modells.

`fix(x)`
> S.29, **31**: Ruft einen Editor auf zur Bearbeitung des S-PLUS-Objekts x, das nach dem Editieren mit der geänderten Version überschrieben wird, falls die geänderte Version keine Syntaxfehler enthält. In diesem Fall kann die geänderte Version mit `fix()` ohne Angabe eines Namens wieder in den Editor geladen werden. Es darf zwischenzeitlich kein anderes Objekt mit `fix` aufgerufen werden, da `fix()` immer das zuletzt bearbeitete Objekt aufruft.

`for (name in values) expr`
> S.59, **60**, 65; L26-27, P17: for-Schleife.

`format(x, ...)`
> S.**62, 81**; P18-23: Verwandelt x in Typ `character` und erzeugt ein vernünftiges Format für die Ausgabe, wird häufig in Verbindung mit `cat` gebraucht.

`formula(object)`
> S.75: Erzeugt ein Formula-Objekt

`friedman.test(y, groups, blocks)`
> S. **37**: Führt den Friedman-Test durch.

```
graphics.off()
```
S.17: Schließt alle aktiven Graphikfenster (graphic devices).

```
grep(pattern, text)
```
S.48: Sucht nach Textmuster in einem Text.

```
help(name="Contents")
```
S.12, 15, **15**: Zeigt die Online-Hilfe, standardmäßig gelangt man in das Inhaltsverzeichnis.

```
hist(x, nclass, breaks, plot=T, probability=F, ...)
```
S.16, 22, **23**, 28; L4-7; P1, 16, 21, 23: Zeichnet Histogramm von x.

```
identify(x, y, labels=seq(along=x), n=length(x))
```
S.71, **72**; L73: Identifiziert interaktiv Punkte in einem Plot durch das spezifizierte Label.

```
if(test) true.expr
```
S. **54**: Falls `test` (ein logischer Vergleich) TRUE, wird `true.expr` durchgeführt.

```
if(test) true.expr else false.expr
```
S.53, **54, 60**; P15: Falls `test` (ein logischer Vergleich) TRUE, wird `true.expr` durchgeführt, sonst `false.expr`.

```
is.array(x)
```
S.**87**: Fragt ab, ob x ein Array ist (Antwort: T=True, F=False).

```
is.data.frame(x)
```
S.**87**: Fragt ab, ob x ein Data Frame ist (Antwort: T=True, F=False).

```
is.factor(x)
```
S.**87**: Fragt ab, ob x ein Faktor ist (Antwort: T=True, F=False).

```
is.list(x)
```
S.**87**: Fragt ab, ob x eine Liste ist (Antwort: T=True, F=False).

```
is.matrix(x)
```
S.**87**: Fragt ab, ob x eine Matrix ist (Antwort: T=True, F=False).

```
is.vector(x)
```
S.**87**: Fragt ab, ob x ein Vektor ist (Antwort: T=True, F=False).

```
kruskal.test(y, groups)
```
S. **37**: Führt den Kruskal-Wallis-Test durch.

```
ks.gof(x, y=NULL, alternative="two.sided", distribution="normal",
...)
```
S.55, **56**; L16-19: Führt einen Ein- oder Zweistichprobentest von Kolmogorov-Smirnov durch.

```
legend(x, y, legend, lty)
```
S.74, **74**; L90: Fügt Legende in eine Graphik.

```
length(x)
```
S.19, 38, 45, **45**; L28, 32, 59; P2a, 6: Bestimmt die Länge, d.h. die Anzahl der Elemente eines Objekts x.

```
lines(x, y, type="l")
```
S.27, **27**, L104, P1a: Zeichnet eine Linie in den aktuellen Plot.

```
list(x)
```
S. **37**, 57, **58**; L62, 72: Erzeugt eine Liste.

```
lm(formula, ...)
```
S.73, **75**, 77, 77, 81; L86, 97, 108: Paßt ein lineares Modell an, das durch `formula` spezifiziert wird. Dabei wird das Modell durch `formula` definiert mit Hilfe des Operators $\sim$. Links von $\sim$ steht die abhängige Variable, rechts stehen die unabhängigen Variablen, durch + voneinander getrennt.

```
locator(n=500, type="n")
```
S.71: Bestimmt die Koordinaten der Punkte, die interaktiv mit Mausklick in einem Plot spezifiziert werden. Punkte und Linien können hinzugefügt werden (siehe auch L74-75).

```
locator(1)
```
S.54: Siehe `text(locator(1),...)`.

```
lowess(x, y, ...)
```
S.79, **81**; L104: Durch lokal lineare Anpassungen wird eine Scatterplotglättung erzeugt.

```
ls.diag(ls.out)
```
S. **75**: Gibt eine Liste aus mit zahlreichen diagnostischen Größen, die die Güte der Anpassung einer Regressionsrechnung nach der Methode der kleinsten Quadrate beschreiben.

```
lsfit(x, y, ...)
```
S.73, **75**; L85: Führt multivariate Regressionsrechnung durch mit Vektor oder Matrix x als erklärende Variable und Vektor oder Matrix y als abhängige Variable.

```
ls.print(ls.out, ...)
```
S.76: Druckt eine Zusammenfassung der Ergebnisse einer Regressionsrechnung mit `lsfit`.

```
mantelhaen.test(x, y=NULL, z=NULL, correct=T)
```
S. **37**: Führt den Mantel-Haenszel χ^2-Test für eine dreidimensionale Kontingenztafel durch.

```
matrix(data=NA, nrow, ncol, byrow=F, dimnames=NULL )
```
S.63, **64**, 69; L50-51, 60, 66, 70; P19-22: Erzeugt eine Matrix.

```
mcnemar.test(x, y=NULL, correct=T)
```
S. **37**: Führt McNemars Test für eine zweidimensionale Kontingenztafel durch.

```
mean(x)
```
S.38, 63; L54: Berechnet den Mittelwert (arithmetisches Mittel) von x.

```
mode(x)
```
S.102; L32: Bestimmt den Typ des Objekts x, z.B. `"logical"` oder `"numeric"`.

```
median(x)
```
S.64; L56: Berechnet den Median von x.

`methods(generic.function,class)`
> S.25: Listet alle Methoden auf, die entweder für eine generische Funktion oder eine Klasse zur Verfügung stehen.

`names(x)`
> S.58, 72, 76, **59**; L77: Gibt Namen der Elemente von x an, gewöhnlich ein Vektor oder eine Liste, oder weist Namen zu.

`next`
> S.60: Bricht gegenwärtige Iteration ab und beginnt die nächste.

`nrow(x)`
> S.69; L50-51, 113-114; P23: Bestimmt die Anzahl der Zeilen einer Matrix x.

`objects()`
> S.10, **15**: Listet Objekte im Arbeitsverzeichnis auf.

`objects(pattern="")`
> S.12, 47, **48**; L1: Listet eine Teilmenge der Objekte im Arbeitsverzeichnis auf, deren Namen ein bestimmtes Muster aufweisen.

`objprint(x, width=80, length=62, ...)`
> S.36; L10: Ausgabe des Objekts x erfolgt über den Drucker.

`options( ...)`
> S.29, **31**: Möglichkeit zur Kontrolle einiger Grundeinstellungen von S-PLUS

`pairs(x, label=dimnames(x)[[2]], ...)`
> S.78, **80**; L103-104: Erzeugt eine Graphik mit paarweisen Scatterplots.

`par( ...)`
> S. 20, 24, 24, 24, **25, 31**, 51, **52**: Bestimmt die graphischen Parameter.

`pattern`
> Siehe `objects` oder `remove`.

`plot(x, ...)`
> S.25, **25, 75**, 77; L61, 71, 80, 96, 112; P1-10, 14, 16, 24: Erzeugt einen Plot auf dem aktuellen Graphikdevice.

`plot.data.frame(data, labels=dimnames(data)[[2]], ...)`
> S. **25**: Zeichnet die empirische Verteilung aller Variablen des Data Frames.

`plot.lm(lm.obj, ...)`
> S.75: Erzeugt eine Reihe von Plots für ein angepaßtes lineares Modell der Klasse lm.

`pnorm(q, mean=0, sd=1)`
> S.24: Berechnet Verteilungsfunktion der Normalverteilung.

`points(x, y, type="p")`
> L104: Zeichnet Punkte in den aktuellen Plot.

`polygon(x, y, density=-1, angle=45, border=T)`
> S.40, **40**; P2a: Fügt einen Polygonzug in die aktuelle Graphik, schraffiert Fläche.

`postscript(file)`
> S.33, **33**: Erzeugt Graphiken für Postscriptdrucker.

S-PLUS-Funktionen

ppoints(n)
: S.51, **53**; P14: Berechnet die Wahrscheinlichkeiten, deren Quantile gegen die sortierten Daten bei einem Quantil-Quantil Plot abgetragen werden.

print(x, ...)
: S.**75, 80, 81, 86**; L27, 107: Druckt x.

print.default(x, digits=options()$digits, quote=T, ...)
: S.**86**: Defaultmethode der Funktion print.

print.factor(x, quote=F, abbreviate.arg, ..., max.levels=5)
: S.**86**: Methode der Funktion print für Objekte der Klasse factor.

print.lm(x, ...)
: S.**75**: Methode der Funktion print für Objekte der Klasse lm.

prop.test(x, n, p, alternative="two.sided", conf.level=.95, correct=T)
: S. 37: Prüft ob Anteile gleich hypothetischen Werten sind, bzw. prüft, ob Anteile gleich sind.

pt(q, df)
: S.38; P3: Berechnet Verteilungsfunktion der t-Verteilung mit df Freiheitsgraden.

q()
: S.9: Beendet die S-PLUS-Sitzung.

qexp(p, rate=1)
: S.51, **53**; P14: Berechnet die Quantile zu den Wahrscheinlichkeiten p einer Exponentialverteilung.

qlnorm(p, meanlog=0, sdlog=1)
: S.24, **53**: Berechnet Quantile zu den Wahrscheinlichkeiten p der Lognormalverteilung.

qnorm(p, mean=0, sd=1)
: S.24: Berechnet Quantile zu den Wahrscheinlichkeiten p der Normalverteilung.

qqline(x, ...)
: S.50, **51**; P11: Zeichnet bei Quantil-Quantil Plot auf Normalverteilung eine Gerade durch das 1. und 3. Quartil.

qqnorm(x, ...)
: S.50, **51**; P11-13, 15: Zeichnet Quantil-Quantil Plot für Normalverteilung.

qqnorm.default(x, datax=F, plot=T)
: S.**51**: Zeichnet Quantil-Quantil Plot für Normalverteilung.

qqplot(x, y, plot=T)
: **53**: Zeichnet Quantil-Quantil Plot.

qunif(p, min=0, max=1)
: S.51; P14: Berechnet die Quantile zu den Wahrscheinlichkeiten p einer Rechteckverteilung.

rank(x, na.last=T)
: S. 60, **61**; L38: Erzeugt einen Vektor mit den Rängen von x.

rbind(...)
> S. 62; L45-46, 53: Verbindet Vektoren oder Matrizen zeilenweise zu einer Matrix.

read.table(file, header, sep, row.names, col.names, ...)
> S.78, **78**, 82, **82**; L100, k110-111: Liest eine Datei im Tabellenformat und erzeugt ein Data Frame mit derselben Zeilen- und Variablenanzahl.

remove(...)
> S.47: Löscht Objekte aus dem Arbeitsverzeichnis, dabei kann mit pattern eine Teilmenge ausgewählt werden.

rep(x, times, length)
> S.83; L114; P2a: Wiederholt die Werte von x entweder in einer mit times bestimmten Vielfalt oder bis die mit length bestimmte Länge erreicht ist.

repeat expr
> S. 60: Führt expr wiederholt aus, bis innerhalb expr das Ende der Wiederholungen bestimmt wird.

residuals(object) oder resid(object)
> S.**75**, **75**, 76; L92, 94: Übergibt die Residuale eines in object angepaßten Modells.

residuals.lm(object,type)
> S. 75: Spezielle Methode der Funktion residuals für Objekte der Klasse lm.

rm(...)
> S.11, **15**, 47: Löscht Objekte aus dem Arbeitsverzeichnis.

rnorm(n, mean=0, sd=1)
> S.24; P12; L33: Erzeugt n standardnormalverteilte Zufallszahlen.

round(x, digits=0)
> S.80, **81**; L107: Rundet x auf digits Nachkommastellen.

row.names(x)
> S.72; L78, 100: Ändert oder gibt die Zeilennamen eines Data Frames an.

rt(n, df)
> S.21: Erzeugt n t-verteilte Zufallszahlen mit df Freiheitsgraden.

runif(n, min=0, max=1)
> S.46; L12: Erzeugt n rechteckverteilte Zufallszahlen in $[0, 1]$.

sample(x, size, replace=F, prob)
> S.62, **63**, 69; L41-43, 52, 67; P19-23: Erzeugt zufällige Stichprobe (mit oder ohne Zurücklegen) der Länge size aus x.

scan()
> S.9, **12**: Einlesen von Daten über die Tastatur.

scan(file="")
> S.17, **18, 70**; L60, 70: Einlesen von Daten aus einer Textdatei. Vor dem Namen der Datei kann ein Pfad angegeben werden.

seq(...)
> S.22, 24, **40, 42, 42**; L5; P24: Definiert eine Zahlenfolge mit gleichen Abständen. Anfang, Ende, Abstand und Länge können eingegeben werden.

S-PLUS-Funktionen

`search(...)`
> S.72: Zeigt die Suchliste an.

`sort(x)`
> S.43, **43**: Sortiert einen Vektor x nach der Größe.

`spin(x, collab, ...)`
> S.80; L105: Erzeugt einen „Spinning-Plot" (Drehung von 3 Variablen).

`sqrt(x)`
> S.16, 38; L2: Berechnet die Quadratwurzel von x.

`Subscript`
> S.57: Spricht durch [ ], [[ ]] und $ einzelne Teile eines Vektors, einer Matrix oder eines Arrays an.

`sum( ...)`
> S.19: Berechnet die Summe von allen Elementen von allen Argumenten.

`summary(object)`
> S.15, 24, **75**, 76; L109: Erzeugt eine kurze Zusammenfassung der wichtigsten Statistiken eines Objekts.

`summary.lm(object, correlation=T)`
> S. **75**: Erzeugt eine kurze Zusammenfassung in einer Liste für ein angepaßtes lineares Modell, wobei `objekt` ein Objekt der Klasse `lm` ist.

`table(...)`
> S.84, **85**, 87; L118-119, 126, 133: Erzeugt eine Kontingenztafel, deren Dimension gleich der Anzahl der Argumente ist.

`text(x, ...)`
`text.default(x, y, labels=seq(along=x))`
> S. **40**, 39, 72; L82-84, 117; P2-3: Fügt Text in eine Graphik an die angegebenen Stellen.

`text(locator(1), ...)`
> S.54; L14; P15: Fügt Text in eine Graphik an eine mit der Maus anzuklickende Stelle.

`title(main, sub, xlab, ylab, axes=F)`
> S. 20, 21, 35, 36, **35**; P1: Fügt Titel über bzw. unter eine Graphik und beschriftet die Achsen. Mit `main`, `sub`, `xlab` und `ylab` innerhalb eines Graphikbefehls wie `hist` oder `plot` erreicht man dasselbe (siehe auch `axes`).

`t.test(x, y=NULL, alternative="two.sided", mu=0, paired=F, var.equal=T, conf.level=.95)`
> S.36, **37**; L9-10: Führt defaultmäßig einen Einstichproben-t-Test mit einer zweiseitigen Alternative und der Hypothese $\mu = 0$ durch.

`var(x,y=x)`
> S.16, 38; L2, 56: Berechnet die Varianz oder Kovarianz von einem oder zwei Vektoren oder einer Matrix.

`var.test(x, y, alternative="two.sided", conf.level=.95)`
> S. **37**: Führt F-Test zur Prüfung der Hypothese, daß zwei Varianzen in Stichproben aus normalverteilten Grundgesamtheiten gleich sind, durch.

```
vector(mode="logical", length=0)
```
 S.59, **61**; L32; P23: Erzeugt einen Vektor.

```
while (test) expr
```
 S. **60**: Führt `expr` durch, solange `test` wahr ist.

```
wilcox.test(x, y, alternative="two.sided", conf.level=.95)
```
 S. **37**: Führt den Rangsummentest oder den Vorzeichen-Rangtest von Wilcoxon durch.

```
win.graph()
```
 S.16, **17, 33**: Öffnet Graphikfenster.

```
win.printer()
```
 S.31, **33**: Ausgabe erfolgt auf dem aktuellen Windows-Drucker.

A3: Benutzte Graphikparameter

Auch hier gilt, was zu Beginn des Anhangs über die benutzten S-PLUS-Funktionen gesagt wurde, mit Ausnahme der folgenden grundlegenden Bemerkungen über Graphikparameter. Sie finden die Graphikparameter im Hilfesystem unter

`par`.

Parameter werden als Argumente der `par`-Funktion verändert. Die Wirkung ist dann global. Sie bleibt bis zur nächsten Änderung mit `par` bestehen. Mit

`par()`

können Sie sich die aktuellen Werte aller Parameter ausgeben lassen. Sind Sie nur an dem aktuellen Wert eines Parameters interessiert, so geben Sie in der Klammer den Namen dieses Parameters in Anführungsstrichen an, z.B.

`par("mfrow")`.

Einige Graphikfunktionen, wie `plot` oder `hist` erlauben jedoch auch die Angabe von graphischen Parametern als optionale Argumente. Die Wirkung der graphischen Parameter ist dann nur lokal, sie gilt nur für diese Graphik, nicht für alle folgenden. Es gibt Parameter, die sogenannten 'high-level parameter', die nur auf diese Weise verwendet werden können und nicht mit einem Aufruf von `par`. Dazu gehören

`xlim, ylim, xlab, ylab, type`.

Die zwei folgenden Argumente zu `title`, nämlich

`main` und `sub` ,

können auch als optionale Argumente in *'high-level'*-Graphiken verwendet werden.

```
lty
```
 S.74; L88-89: Bestimmt den Linientyp.

Graphikparameter

`main`

S.35, **35**, **51**: Fügt Titel über eine Graphik.

`mfcol=c(m,n)`

S. **52**; L15: Bestimmt Multiples Plot Layout: Die folgenden Graphiken werden spaltenweise in einer m×n-Matrix dargestellt.

`mfrow=c(m,n)`

S.50, **52**; L13, 15; P12, 21-22: Bestimmt Multiples Plot Layout: Die folgenden Graphiken werden zeilenweise in einer m×n-Matrix dargestellt.

`new=L`

S.24: Falls TRUE wird der folgende Plot in die aktuelle Graphik gezeichnet; new wird durch jeden gezeichneten Punkt, Linie oder Text wieder auf FALSE gesetzt.

`pch="c"`

S.50; P12: Bestimmt das Plotsymbol, mit dem Punkte dargestellt werden.

`pch=n`

Siehe Hilfe: Bestimmt die Nummer des Plotsymbols, mit dem Punkte dargestellt werden.

`sub`

S. **35**: Fügt Untertitel unter eine Graphik.

`type="c"`

S.27, 43, 83, **45**; L112; P1-10, 16, 24: Bestimmt die Art des gewünschten Plots. Mögliche Werte sind u.a. "p" für Punkte, "l" für Linien, "s" oder "S" für Treppenstufen und "n" für kein Symbol.

`xlab="string"`

S.34, **35**, **51**: Label für die Beschriftung der x-Achse.

`xlim=c(x1,x2)`

S.23, **51**; L6: Bestimmt die Grenzen der x-Achse, die jedoch durch Rundung geändert werden können, damit sich eine „glatte" Skalierung ergibt.

`xaxs="c"`

S.24: Bestimmt die Skalierung der x-Achse. Falls "d" gewählt wurde, wird die Skalierung des vorangehenden Plots für die weiteren Plots verwendet.

`yaxs="c"`

S.24: Siehe `yaxs`.

`ylab="string"`

S.34, **35**, **51**: Siehe `xlab`.

`ylim=c(y1,y2)`

S.23: Siehe `xlim`.

A4: Benutzerdefinierte S-PLUS-Funktionen

nsd.fun(Daten)
> S.28; L20-21, 23-24, 29, 34; P17: Berechnet die Standardabweichung von Daten mit Nenner n statt $n-1$.

nvar.fun(Daten)
> S.28; L57: Berechnet die Varianz von Daten mit Nenner n statt $n-1$.

nvarnsd.fun(Daten)
> S.28: Berechnet Varianz und Standardabweichung von Daten mit Nenner n statt $n-1$.

nvarnsd1.fun(Daten)
> S.28: Berechnet Varianz und Standardabweichung von Daten mit Nenner n statt $n-1$, gibt jedoch nur die Standardabweichung aus.

prak1.fun(Kl, a, b, nx, mu, sigma)
> S.35: Zeichnet Histogramm der Gerstedaten mit Dichtefunktion der Normalverteilung.

prak1a.fun(Kl, a, b, nx, mu, sigma)
> S.35: Zeichnet Histogramm der Gerstedaten mit Dichtefunktion der Normalverteilung.

prak2.fun(t, FG, index)
> S.40: Zeichnet Dichte der t-Verteilung.

prak2a.fun(t, FG, index)
> S.40: Zeichnet Dichte der t-Verteilung, schraffiert Fläche des P-Wertes.

prak3.fun(t, FG, index)
> S.40: Zeichnet Verteilungsfunktion der t-Verteilung.

prak4.fun()
> S.44: Zeichnet empirische Verteilungsfunktion der ersten 10 Gerstedaten.

prak5.fun()
> S.44: Zeichnet empirische Verteilungsfunktion der ersten 10 Gerstedaten mit Titel und Achsenbeschriftung.

prak6.fun(Daten)
> S.45: Zeichnet empirische Verteilungsfunktion von „Daten".

prak7.fun(Daten, Titel, xLabel)
> S.46: Zeichnet empirische Verteilungsfunktion von „Daten" mit Titel und Achsenbeschriftung.

prak8.fun(n)
> S.46: Zeichnet empirische Verteilungsfunktion von n $U(0,1)$-verteilten Zufallszahlen sowie die Verteilungsfunktion der $U(0,1)$-Verteilung.

prak9.fun(n)
> S.46: Zeichnet empirische Verteilungsfunktion von n $N(0,1)$-verteilten Zufallszahlen sowie die Verteilungsfunktion der $N(0,1)$-Verteilung.

prak10.fun(Daten, Breite)
> S.49: Schätzt nichtparametrisch die Dichte von „Daten".

Benutzerdefinierte S-PLUS-Funktionen 105

`prak11.fun()`

S.50: Zeichnet Normalverteilungsplot für Gerstedaten.

`prak12.fun(n1, n2, n3, n4)`

S.50: Zeichnet Normalverteilungsplot für simulierte $N(0, 1)$-Zufallszahlen im 2×2-Layout.

`prak13.fun(Daten)`

S.51: Zeichnet Normalverteilungsplot für „Daten" und simulierte $N(0, 1)$-Zufallszahlen im 2×2-Layout.

`prak14.fun(Daten)`

S.51: Zeichnet Normal-, U-, Exponential- und Lognormalverteilungsplot für „Daten" im 2×2-Layout.

`prak15.fun(Daten, lambda, index)`

S.54: Zeichnet Normalverteilungsplot für „Daten" nach Box-Cox Transformation.

`prak16.fun(n1, n2, index1, index2)`

S.51: Simuliert 2 Stichproben mit $N(0, 1)$-Zufallszahlen, zeichnet jeweils empirische Verteilungsfunktion und Verteilungsfunktion bzw. Histogramm und Dichte.

`prak17.fun(Daten, B)`

S.59: Testet „Daten" auf Normalverteilung mit Bootstrap-χ^2-Test.

`prak18.fun(Daten, B)`

S.62: Testet „Daten" auf Normalverteilung mit Bootstrap-χ^2-Test. Verbesserte Ausgabe.

`prak19.fun(Daten, B)`

S.65: Schätzung des Standardfehlers des Mittelwerts von „Daten" durch Bootstrap.

`prak20.fun(Daten, B)`

S.66: Schätzung des Standardfehlers des Mittelwerts, Medians und der Varianz mit n und $n-1$ im Nenner durch Bootstrap.

`prak21.fun(Daten, B)`

S.66: Wie prak20.fun, zusätzlich Histogramme der Bootstrap-Mittelwerte usw..

`prak22.fun(Daten, B)`

S.67: Wie prak20.fun, zusätzlich Boxplots der Bootstrap-Mittelwerte usw..

`prak23.fun(Datmat, B)`

S.69: Berechnet Korrelationskoeffizienten, schätzt dessen Standardfehler durch Bootstrap und zeichnet Histogramm der Bootstrap-Korrelationskoeffizienten.

`prak24.fun(Gleichung, xAnf, xEnd)`

S.77; L99: Zeichnet die durch Gleichung gegebene Kurve über eine vorhandene Graphik.

A5: Sonstiges Nützliches

`.Last.value`
> Temporäres File, in dem das letzte Ergebnis eines S-PLUS-Befehls, das nicht durch Namenszuweisung gesichert ist, gespeichert wird.

`#`
> Kommentarzeichen, der Rest der Zeile gilt als Kommentar.

`1:16`
> S.42; P2a: Vektor der natürlichen Zahlen von 1 bis 16.

`mean`
> S.56; L17: Bezeichnung für Parameter μ in Aufrufen der Normalverteilung, auch Funktion zur Berechnung des arithmetischen Mittels.

`meanlog`
> S.57; L17, 23: Bezeichnung für den Parameter μ in Aufrufen der Lognormalverteilung.

`NA`
> Steht für „Not Available" und ist der Code für fehlende Werte in S-PLUS.

`NULL`
> L62: Repräsentiert einen „Nicht-Wert", z.B. `t.test(x, y=NULL, ...)` bedeutet, daß defaultmäßig `y` keinen Wert hat, d.h. ein Einstichprobentest durchgeführt wird. `NULL` erscheint auch häufig nach Funktionsaufrufen, wenn die abgefragten Werte nicht existieren oder wenn man wie z.B. in L62 nur den Spalten, nicht aber den Zeilen einer Matrix Namen zuweisen möchte.

`'Pfadangaben'`
> S.17, 68; L60, 70, 100, 110-111: Wie üblich, jedoch ist \\ oder / statt \ zu verwenden.

`sd`
> S.56; L17: Bezeichnung für Standardabweichung in Aufrufen der Normalverteilung.

`sdlog`
> S.57; L23: Bezeichnung für den Parameter σ in Aufrufen der Lognormalverteilung.

`'Umlaute und ß'`
> S.35: Statt der Umlaute Ä,ä,Ö,ö,Ü,ü und ß sind die Befehle \304, \344, \326, \366, \334, \374 und \337 zu verwenden.

`x[3]`
> S.42: Siehe Hilfesystem unter `subscript`: Wert von x_3.

`x[[3]]`
> S.58: Siehe Hilfesystem unter `subscript`, L25, 31, 36, 91-95: Wert von x_3, insbesondere bei Listen.

`x$Name`
> S.58: Siehe Hilfesystem unter `subscript`, L25, 91-95: Wert des Elements *Name*, insbesondere bei Listen.

x[3:7]
> S.42: Werte von $x_3, ..., x_7$.

x[c(2,5,6)]
> L128: Werte von x_2, x_5, x_6.

x[-c(2,5,6)]
> S.42; L88-89, 121-122: Werte des Vektors x, wobei die Werte x_2, x_5 und x_6 weggelassen werden.

x[y==2]
> L115-116, 120: Werte des Vektors x, für die $y = 2$ ist.

x[x<2]
> S.42; L129-130; P2a: Werte des Vektors x, die kleiner als 2 sind.

x[2,3]
> L47: Wert x_{23} der Matrix x.

x[2,]
> L48: 2. Zeile der Matrix x.

x[Name,]
> L64, 68, 74-75: Zeilenauswahl aus der Matrix x mit Namen der Zeile, falls diese mit dimnames vereinbart wurden.

x[,3]
> L49, 69: 3. Spalte der Matrix x.

x[, Name]
> L64, 68, 75: Spaltenauswahl aus der Matrix x mit Namen der Spalte, falls diese mit dimnames vereinbart wurden.

A6: Datendateien

AMSLONSP.DAT
> S.67: Startzeiten (in Minuten seit Mitternacht) und Flugzeiten (in Minuten) eines Linienfluges von Amsterdam nach London (Quelle: Draper (1989)).

AMSUSASP.DAT
> S.67: Startzeiten (in Minuten seit Mitternacht) und Flugzeiten (in Minuten) eines Linienfluges von Amsterdam in die USA (Quelle: Draper (1989)).

ERNBSP.DAT
> S.70: Ernährungsindex und Bruttosozialprodukt pro Kopf (in US$ bezogen auf das Jahr 1974) (Quelle: Kockläuner (1988)).

ERNBSP1.DAT
> S.77: Ernährungsindex, Bruttosozialprodukt pro Kopf (in US$ bezogen auf das Jahr 1974), Landwirtschaftsindex, Lebensstandardindex und Bevölkerungsindex (Quelle: Kockläuner (1988)).

FLUGSP.DAT
> S.46: Flugzeiten (in Minuten) eines Linienfluges von Amsterdam nach London (Quelle: Draper (1989)).

GERSTESP.DAT

>S.17: Gersteerträge (in g) in 400 kleinen Parzellen (Quelle: Linhart/Zucchini (1991), S.17).

`land.vec`

>S.78: S-PLUS-Objekt mit den Namen der Länder zu ERNBSP.DAT.

KNOTENSP.DAT

>S.46: Abstände zwischen Knoten eines Garns (Quelle: Linhart/Zucchini (1991), S.34, 89).

`Maus.vec`

>S.63: S-PLUS-Objekt mit Überlebenszeiten von Mäusen, die nach einer Operation einer Behandlung unterzogen wurden (Quelle: Efron und Tibshirani (1993), S.11).

RINDESP.DAT

>S.46: Maschinelle Entrindungszeiten (in Min.) von Bäumen (Quelle: Lewandowski (1987)).

SENATSP.DAT

>S.82: Daten zu den Wahlen zum Senat in den USA im Jahre 1984 (siehe Text, Quelle: Stearns (1988)).

A7: Statistische Begriffe in S-PLUS-Ausgaben

`1Q`

>1. Quartil, 0.25-Quantil oder 25%-Punkt

`3Q`

>3. Quartil, 0.75-Quantil oder 75%-Punkt

`1st Qu.`

>1. Quartil, 25%-Quantil

`3rd Qu.`

>3. Quartil, 75%-Quantil

`coef`

>z.B. in `lsfit` geschätzte Koeffizienten im linearen Regressionsmodell

`df` auch `Df`

>Degrees of freedom, Freiheitsgrade, z.B. der t-Verteilung.

`Fitted`

>Angepaßte Werte.

`F-statistic` auch `F Value`

>F-Statistik, z.B. in `ls.print(lsout)`, S.76 bzw. in `anova(lmout)`, S.76 : prüft Hypothese, daß die Steigung der Regressionsgeraden Null ist. Der zugehörige `p.value` bzw. wird mit der F-Verteilung berechnet (siehe MSLamPC, Böker 1991).

`Index`

>In Residuenplots ist gleich der Beobachtungsnummer.

`Intercept`
: z.B. in `lsfit` geschätzte Konstante im linearen Regressionsmodell, y-Achsenabschnitt

`Mean Sq`
: In `anova(lmout)`, S.76 : Durchschnittsquadrat: Summe der Quadrate dividiert durch die Freiheitsgrade (siehe MSLamPC).

`Multiple R-Square`
: Multiples R^2, Bestimmtheitsmaß (siehe MSLamPC).

`Pr(F)`
: P-Wert bei einem F-Test.

`Pr(>|t|)`
: P-Wert bei einem zweiseitigen t-Test.

`residuals`
: Residuale oder Residuen: Differenzen aus beobachteten und angepaßten Werten.

`Residual Standard Error`
: z.B. in `ls.print(lsout)`: Geschätzte Standardabweichung der Fehler, Quadratwurzel aus dem Durchschnittsquadrat der Residuale, d.h. der Residualvarianz (siehe MSLamPC).

`std.err` auch `Std. Error`
: Geschätzter Standardfehler, z.B. in `ls.print(lsout)`, S.76 : Geschätzter Standardfehler der geschätzten Koeffizienten.

`Sum of Sq`
: In `anova(lmout)`, S.76 : Summe der Quadrate (siehe MSLamPC).

`t.stat` auch `t value`
: t-Statistik, z.B. in `ls.print(lsout)`, S.76 : Quotient aus `coef` und `std.error`, prüft Hypothese, daß der Koeffizient Null ist. Der zugehörige `p.value` wird mit Hilfe der t-Verteilung berechnet (siehe MSLamPC).

A8: Kurzdefinition statistischer Begriffe

Anpassungstests für stetige Verteilungen

Es ist zwischen folgenden Hypothesen zu unterscheiden.

1. **Einfache Hypothese**, z.B.: Die Daten sind normalverteilt mit $\mu = 25.4$ und $\sigma = 4.5$.
2. **Zusammengesetzte Hypothese**, z.B.: Die Daten sind normalverteilt.

Bei der einfachen Hypothese ist die Verteilung völlig festgelegt. Bei der zusammengesetzten Hypothese kommt noch jede beliebige Normalverteilung in Frage. Die Verteilung der Prüfgröße hängt von der Art der Hypothese ab. Für die Prüfung der zusammengesetzten Hypothese sind die Parameter aus den Daten zu schätzen.

χ^2-*Anpassungstest* `chisq.gof`

Der Wertebereich der Daten wird in m Klassen eingeteilt. Die in der i-ten Klasse beobachtete Häufigkeit sei n_i, die unter der Hypothese erwartete Häufigkeit sei e_i. Dann ist die Prüfgröße:

$$\chi^2 = \sum_{i=1}^{m}(n_i - e_i)^2/e_i \,.$$

Die Verteilung der Prüfgröße unter der Hypothese ist für die einfache Hypothese eine χ^2-Verteilung mit $m-1$ Freiheitsgraden. Für die zusammengesetzte Hypothese hängt die Verteilung von der Schätzmethode für die Parameter ab. Sehr gebräuchlich ist es, die Maximum-Likelihood-Schätzer aus den ungruppierten Daten zu verwenden. Die Prüfgröße ist dann verteilt wie

$$\chi^2(m-k-1) + \sum_{j=1}^{k}\lambda_j(\theta)\chi_j^2(1)\,,$$

d.h. wie die Summe aus einer χ^2-verteilten Zufallsvariablen mit $m-k-1$ Freiheitsgraden und einer Linearkombination von k unabhängigen χ^2-verteilten Zufallsvariablen mit je 1 Freiheitsgrad, wobei für die Koeffizienten, die von den im Vektor θ zusammengefaßten unbekannten Parametern abhängen können, $0 \leq \lambda_j(\theta) < 1$ gilt. Damit liegt die Verteilung zwischen den χ^2-Verteilungen mit $m-k-1$ und $m-1$ Freiheitsgraden. Insbesondere die P-Werte und die kritischen Werte liegen zwischen den entsprechenden Werten dieser beiden Verteilungen. Bei kleinen Freiheitsgraden können die Unterschiede beträchtlich sein. Es gilt also nicht die für diskrete Verteilungen übliche Regel, daß die Anzahl der Freiheitsgrade um die Anzahl der geschätzten Parameter zu reduzieren ist.

Bootstrap-Test

Die Idee dieses Tests ist, den aus den Daten berechneten Wert der Prüfgröße mit einer großen Anzahl von Werten zu vergleichen, die unter der Hypothese simuliert wurden. Wenn der aus den Daten berechnete Wert unter den simulierten Werten nicht besonders auffällt, d.h. nicht besonders groß oder besonders klein ist (je nachdem für welche (große oder kleine) Werte die Hypothese verworfen wird), wird man die Hypothese nicht verwerfen. Ist der Wert jedoch besonders auffällig, wird die Hypothese abgelehnt. Im Falle des χ^2-Anpassungstests wird man daher die Hypothese verwerfen, wenn der aus den Daten berechnete Wert im Vergleich zu den simulierten Werten besonders groß ist, wenn er also in der der Größe nach geordneten Menge aller (B simulierte und 1 berechnete) Prüfgrößen einen sehr hohen Rang einnimmt.

Lognormalverteilung

Eine Zufallsvariable X besitzt eine Lognormalverteilung mit den Parametern μ und σ, wenn $\log(X)$ eine Normalverteilung mit den Parametern μ und σ besitzt.

Median

Der Median von gegebenen Beobachtungen $(x_1,\ldots,x_n)$ ist definiert durch die Bedingung, daß mindestens 50% der Beobachtungen kleiner oder gleich dem Median sind und mindestens 50% der Beobachtungen größer oder gleich dem Median sind. Ordnet man die Beobachtungen der Größe nach, so liegt der Median in der Mitte. Sind $(x_1,\ldots,x_n)$ bereits die geordneten Beobachtungen, so ist für ungerades n der Median gleich $x_{\frac{n+1}{2}}$. Für gerades n erfüllt jede Zahl im Intervall $[x_{\frac{n}{2}}, x_{\frac{n}{2}+1}]$ die obige Bedingung. In diesem Fall nimmt man häufig (und auch S-PLUS macht es so) die Intervallmitte als Median (siehe auch *Quantile*).

ML-Schätzer

Zu gegebenen Beobachtungen $(x_1, \ldots, x_n)$, die als Realisationen von unabhängig und identisch verteilten Zufallsvariablen aufgefaßt werden, deren Wahrscheinlichkeits- bzw. Dichtefunktion von einem unbekanntem (ein- oder mehrdimensionalen) Parameter θ abhängt, wird derjenige Parameter $\hat{\theta}$ als Schätzwert von θ bestimmt, für den die Wahrscheinlichkeit für das Eintreten dieses Ergebnisses am größten ist (bzw. für den die gemeinsame Dichtefunktion am größten ist).

P-Wert p-value

Der P-Wert gibt die Wahrscheinlichkeit an, daß die Prüfgröße bei einem statistischen Test in den Ablehnungsbereich fällt, wenn man den gerade für die Prüfgröße beobachteten Wert als kritischen Wert (d.h. Grenze des Ablehnungsbereiches) verwendet. Demnach ist eine Hypothese bei kleinem P-Wert zu verwerfen, wobei *klein* bedeutet: in der Größenordnung der üblicherweise verwendeten Signifikanzniveaus, z.B. $\alpha = 0.05$. Anschaulich kann man sich unter dem P-Wert - bei einem einseitigen Test mit rechtsseitigem (linksseitigem) Ablehnungsbereich - die Fläche unterhalb der Dichtefunktion (der Prüfgröße unter der Hypothese) rechts (links) von dem beobachteten Wert vorstellen. Bei einem zweiseitigen Test mit symmetrischer Verteilung der Prüfgröße T, z.B. dem t-Test, ist der P-Wert die Summe der beiden Flächen links von $-|T|$ und rechts von $+|T|$.

Quantil quantile

In S-PLUS (siehe Hilfe unter quantile) ist die i-te Ordnungsstatistik (d.h. die i-te der der Größe nach geordneten Stichprobe vom Umfang n) das $(i-1)/(n-1)$-Quantil, wobei linear zwischen den Ordnungsstatistiken interpoliert wird, z.B. ist der Median das 0.5-Quantil.

Der Begriff Quantil wird auch bei Verteilungen gebraucht. Sei F eine stetige streng monotone Verteilungsfunktion. Das p-Quantil ($0 \leq p \leq 1$) ist gleich dem Wert x mit $F(x) = p$.

Quartil

Das 1. Quartil entspricht dem 0.25-Quantil, das 3. Quartil ist gleich dem 0.75 Quantil.

Quartilabstand

Differenz aus 3. Quartil und 1. Quartil, d.h. die mittlere Hälfte der Beobachtungen. Die Box beim Boxplot besteht aus dieser mittleren Hälfte.

Rang rank

Der Rang einer Beobachtung ist die Nummer der Beobachtung in der der Größe nach geordneten Stichprobe. Die kleinste Beobachtung hat Rang 1, die größte Rang n bei einem Stichprobenumfang n.

Varianz var

S-PLUS benutzt als Schätzer der Varianz die Funktion var, die die Formel

$$s_*^2 = \sum_{i=1}^n (x_i - \bar{x})^2 / (n-1)$$

verwendet. Dieser Schätzer ist erwartungstreu. Der Schätzer

$$s^2 = \sum_{i=1}^n (x_i - \bar{x})^2 / n \, ,$$

den wir mit der Funktion nvar.fun berechnen, hat jedoch den kleineren mittleren quadratischen Fehler und ist auch Maximum-Likelihoodschätzer für die Varianz einer Normalverteilung.

A9: Sammlung von S-PLUS-Funktionen und S-News

Eine Bibliothek von S-PLUS-Funktionen zu zahlreichen Problemen aus verschiedensten Gebieten der Statistik findet man im Internet unter

```
http://lib.stat.cmu.edu/S/
```

bei **StatLib**. Im Buch von Efron und Tibshirani (1993) findet man S-PLUS-Funktionen zu Bootstrap, die unter

```
http://lib.stat.cmu.edu/S/bootstrap.funs
```

in der StatLib-Sammlung enthalten sind und von dort kopiert werden können. Sie können auch mit der einzeiligen e-mail-Nachricht

```
send bootstrap.funs from S
```

an

```
statlib@lib.stat.cmu.edu
```

angefordert werden.

Ferner gibt es eine Mailing-Liste **S-News**, wo Fragen zu S-PLUS diskutiert werden. In diese Liste kann man sich eintragen lassen, indem man die einzeilige e-mail-Nachricht

```
subscribe S-News Vorname Nachname
```

an

```
statlib@lib.stat.cmu.edu
```

schickt. Antworten zu häufig gestellten Fragen findet man bei StatLib unter

```
http://lib.stat.cmu.edu/S/FAQ.
```

Der Hersteller von S-PLUS bietet Informationen rund um S-PLUS unter

```
http://www.statsci.com
```

an.

A10: Daten, Korrekturen

Die in diesem Buch verwendeten Daten, die Lösungen (L) und die Lösungsfunktionen (prak*.fun) werden auf Diskette mitgeliefert. Sie sind vom Autor in gutem Glauben auf die Richtigkeit erstellt worden. Weder der Autor noch der Verlag übernehmen jedoch irgendeine Gewähr für die Richtigkeit und sind nicht verantwortlich für die Konsequenzen ihrer Anwendungen. Die Daten, Lösungen und Lösungsfunktionen (mit eventuellen Korrekturen) sind auch über e-mail abrufbar mit der einzeiligen Nachricht

```
              send SPLUSDAT
```

an

```
              Maiser@WiSo.Uni-Goettingen.DE.
```

Ein Verzeichnis mit eventuellen Korrekturen ist mit der einzeiligen Nachricht

```
              send SPLUSKOR
```

an

```
              Maiser@WiSo.Uni-Goettingen.DE
```

erhältlich. Hinweise, Vorschläge und Kritik sind erwünscht an

```
              Fred.Boeker@WiSo.Uni-Goettingen.DE.
```

Index

Im folgenden Index beziehen sich Zahlen in der normalen Schrift (z.B. 24) auf den Hauptteil des Textes, in kursiver Schrift (z.B. *24*) auf den Anhang, während sich fettgedruckte Zahlen (z.B. **24**) auf S-PLUS-Boxen beziehen.

Das Stichwortverzeichnis ist häufig in Haupt- und zweistufige Unterbegriffe gegliedert. Tritt ein Stichwort nicht bei den Hauptbegriffen auf, so sollte zunächst nach einem Oberbegriff gesucht werden, unter dem das gesuchte Stichwort evtl. als Untereintrag zu finden ist. So finden Sie alle S-PLUS-Befehle (Funktionen) unter 'Befehle', Argumente zu Funktionen unter 'Argumente', graphische Parameter unter 'Graphische Parameter'.

Weiter ist zu beachten, daß das Sortierprogramm, das den Index erstellt hat, nach Schrifttypen unterscheidet. Indexeinträge in `Schreibmaschinenschrift` erscheinen also vor Einträgen in normaler Schrift.

*, **48**, **64**
+, 7
− >, **12**
2×2-Layout, 66
<, **54**
<=, **54**
<−, **12**
==, **54**
>, **54**
>=, **54**
F, 65
F_n, 65
% * %, **64**
\\, 17, **18**
\\\\, 17, **18**
χ^2-Test, 57, 87
χ^2-Verteilung, 57, *110*
..., 23, 34
/, 17
:, *106*
?, 12, 15, **48**, *91*
#, 28, *106*
$, **58**
`.Last.value`, 10, **51**, *106*
`.cat`, 85
`.fac`, 85
`.frame`, 72
`.fun`, 28, 47
`.mat`, 47
`.vec`, 47

`F value`, *108*
`F-statistic`, *108*
`Fitted`, *108*
`Index`, *108*
`Intercept`, *109*
`L`, 12, *112*
`Maus.vec`, 63, *108*
`Mean Sq`, *109*
`Methods`, **25**
`Multiple R-Square`, *109*
`NA`, 19, **64**, *106*
`NULL`, *106*
`Residual Standard Error`, *109*
`Subscript`, 57
`Sum of Sq`, *109*
`Syntax`, 29, 57
`[ ]`, 42, **42**, **48**, **58**
`[[ ]]`, **58**
`category`, 85
    in `factor` umwandeln, 85
`character`, **37**, **62**
`class`, **25**
`coef`, **75**, *108*
`data.frame`, **25**
`df`, *108*
`digits`, 62
`formula`, **75**
`function`, 29
`generic.function`, **25**
`htest`, *siehe* Objektklasse

land.vec, 71, 78, *108*
matrix, 80
meanlog, *106*
mean, *106*
nsd.fun, 28, *104*
nvar.fun, 28, *104*
nvarnsd.fun, 28, *104*
nvarnsd1.fun, 28, *104*
pattern, 48, **48**, *98*
prak1.fun, 35, *104*
prak10.fun, 49, *104*
prak11.fun, 50, *105*
prak12.fun, 50, *105*
prak13.fun, 51, *105*
prak14.fun, 51, *105*
prak15.fun, 54, *105*
prak16.fun, 55, *105*
prak17.fun, 59, *105*
prak18.fun, 62, *105*
prak19.fun, 65, *105*
prak1a.fun, 35, *104*
prak2.fun, 40, *104*
prak20.fun, 66, *105*
prak21.fun, 66, *105*
prak22.fun, 67, *105*
prak23.fun, 69, *105*
prak24.fun, 77, *105*
prak2a.fun, 40, *104*
prak3.fun, 40, *104*
prak4.fun, 44, *104*
prak5.fun, 44, *104*
prak6.fun, 45, *104*
prak7.fun, 46, *104*
prak8.fun, 46, *104*
prak9.fun, 46, *104*
reg$coef, **75**
reg, **75**
residuals, *109*
sdlog, *106*
sd, *106*
spin, 80
std.error, *109*
t value, *109*
t.stat, *109*

Achsenbeschriftung, 45, 68, 71
Achsenskalierungen
   gleiche, 24, 46, 50

AMSLON.DAT, 67, *107*
AMSUSA.DAT, 67, *107*
Anpassungstest, 55, *109*
   distribution
      beta, **56**
      binomial, **56**
      cauchy, **56**
      chisquare, **56**
      exponential, **56**
      f, **56**
      gamma, **56**
      geometric, **56**
      hypergeometric, **56**
      logistic, **56**
      lognormal, **56**
      negbinomial, **56**
      normal, **56**
      poisson, **56**
      t, **56**
      uniform, **56**
      weibull, **56**
      wilcoxon, **56**
   Chiquadrat von Pearson, 55, **57**, *110*
   Kolmogorov-Smirnov, 55
Arbeitsverzeichnis, 8
Argument, **22**, 27, 29, 30, **31**, 52
   FUN
      zu apply, **65**
   MARGIN
      zu apply, **65**
   along
      zu seq, **40**
   alternative
      zu ks.gof, **56**
   breaks
      zu cut, **86**
      zu hist, 18
   byrow
      zu matrix, **64**
   by
      zu seq, **42**
   class
      zu methods, 25
   col.names
      zu read.table, **78**
   cut.points
      zu chisq.gof, **57**

Index

datax
  zu qqnorm.default, **51**
data
  zu lm, **75**
  zu matrix, **64**
density
  zu polygon, 40, **40**
digits
  zu format, print, round, **81**
  zu format, **62**
dimnames
  zu matrix, **64**
distribution
  zu chisq.gof, **57**
  zu ks.gof, **56**
file
  zu cat, **62**
  zu read.table, **78**
formula
  zu lm, **75**
from
  zu seq, **42**
generic.function
  zu methods, 25
header
  zu read.table, **78**
include.lowest=T
  zu hist, 18
labels
  zu factor, **86**
  zu identify, **72**
legend
  zu legend, **74**
length
  zu seq, **42**
  zu vector, **61**
levels
  zu factor, **86**
main
  zu axes, **35**
  zu title, **35**
mode
  zu vector, **61**
nclass
  zu hist, 18
n.classes
  zu chisq.gof, **57**

n.param.est
  zu chisq.gof, **57**
names
  zu boxplot, **67**
ncol
  zu matrix, **64**
nrow
  zu matrix, **64**
panel
  zu pairs, **80**
pattern
  zu objects, **48**
  zu remove, 48
plot
  zu hist, 18
  zu identify, **72**
  zu qqnorm.default, **51**
prob
  zu sample, **63**
probability=F
  zu hist, 18
range
  zu boxplot, **67**
replace
  zu sample, **63**
row.names
  zu data.frame, **73**
  zu read.table, **78**, **82**
sep
  zu scan, **70**
size
  zu sample, **63**
sub
  zu axes, **35**
  zu title, **35**
to
  zu seq, **42**
type
  zu locator, **54**
type zu lines, **27**
varwidth
  zu boxplot, **67**
where
  zu objects, **48**
width
  zu boxplot, **67**
  zu density, **49**
window

       zu `density`, **49**
    `xlab`
       zu `axes`, **35**
       zu `title`, **35**
    `ylab`
       zu `axes`, **35**
       zu `title`, **35**
    Defaultwert, **22**
    optionales, 18, **22**
    Reihenfolge, **22**
    Reihenfolge der ...e, 21
    verlangtes, 18, **22**, **31**
    Wertzuweisung, 22
Array, **65**
Attribut, **64**
    `names`, **59**
Ausgabe
    Anzahl Nachkommastellen, 80
    Anzahl Stellen, **81**
    auf Drucker, **33**
    in Postscript-Datei, **33**
Ausgabe in File, **62**
Ausgabe von Ergebnissen
    Text hinzufügen, 70
Ausreißer, 67

BACKGROUND, 21
Bandbreite, 48
Befehle
    `.First`, **73**, *92*
    `Subscript`, 57
    `Subsript`, *101*
    `abline`, 39, **40**, 46, **51**, 74, **75**, *92*
    `anova.lm`, **75**, *92*
    `anova`, **75**, 76, 77, *92*
    `apply`, 63, **65**, *92*
    `arg.dialog`, 21, *92*
    `args`, 52, *92*
    `array`, **65**, *92*
    `as.*`, 87
    `as.array`, *92*
    `as.data.frame`, *92*
    `as.factor`, *93*
    `as.list`, *93*
    `as.matrix.data.frame`, **81**, *93*
    `as.matrix`, *93*

    `as.vector`, *93*
    `attach`, 8, 72, **73**, *93*
    `axes`, **35**, *93*
    `barplot`, 20, **23**, *93*
    `binom.test`, 87, **88**, *93*
    `boxplot`, **67**, *93*
    `break`, **60**, *93*
    `brush`, 80, *93*
    `cat`, 62, **62**, *93*
    `cbind`, 62, *93*
    `cdf.compare`, 47, *93*
    `ceiling`, **57**, *94*
    `chisq.gof`, 55, **57**, *94*, *110*
    `chisq.test`, *94*
    `coef`, **75**
    `coefficients`, *94*
    `col.names`, *94*
    `cor.test`, *94*
    `cor`, 68, **69**, *94*
    `cut`, 85, **86**, *94*
    `c`, 41, **42**, 44, *93*
    `data.dump`, 8, **11**, *94*
    `data.frame`, 72, **73**, *94*
    `data.restore`, 8, **11**, *94*
    `density`, 49, **49**, *94*
    `detach`, **73**, *94*
    `dev.copy`, **34**, *94*
    `dev.off`, 17, 32, *95*
    `dev.print`, 33, **34**, *95*
    `dev.set`, 17, *95*
    `dimnames`, **64**, 68, **68**, 71, *95*
    `dim`, **64**, *95*
    `dnorm`, 24, 29, 30, 34, *95*
    `dos`, 33, *95*
    `dt`, *95*
    `factor`, 85, **86**, *95*
    `fisher.test`, *95*
    `fitted.values`, *95*
    `fix()`, 30, **31**
    `fix`, 29, *91*, *95*
    `format`, **62**, **81**, *95*
    `formula`, **75**, *95*
    `for`, 59, **60**, *95*
    `friedman.test`, *95*
    `graphics.off`, 17, *96*
    `grep`, **48**, *96*
    `help`, 11, 12, 15, **15**, *96*
    `hist`, 16, **23**, 28, 29, 34, *96*

Index

identify, **72**, *96*
if ..., else, **60**, *96*
if, **54**, *96*
is.*, 87
is.array, **87**, *96*
is.data.frame, **87**, *96*
is.factor, *96*
is.list, **87**, *96*
is.matrix, 87, **87**, *96*
is.vector, **87**
kruskal.test, *96*
ks.gof, 55, **56**, *96*
legend, **74**, *96*
length, 38, **45**, **53**, **57**, *96*
lines, **27**, 30, 34, *97*
list, **37**, **58**, *97*
lm, 77, 81, *97*
locator, 54, **54**, 71, *97*, *101*
lowess, 78, **80**, **81**, *97*
ls.diag, **75**, *97*
ls.print, **75**, 76, *97*
lsfit, **75**, *97*
main, 34
mantelhaen.test, *97*
matrix, 63, **64**, 68, *97*
mcnemar.test, *97*
mean, 38, 63, *97*
median, *97*
methods, **25**, *98*
mode, *97*
names, 58, **59**, 72, *98*
next, **60**, *98*
nrow, *98*
objects, 11, **11**, **15**, **48**, *98*
 pattern, 47, *98*
objects(), 10
objprint, 36, *98*
options, 29, **31**, *98*
pairs.data.frame, **80**
pairs.default, **80**
pairs, 78, 79, **80**, *98*
par, *siehe* Graphische Parameter, **25**, **31**, **52**, *98*
plot
 type, 29
plot(residuals()), 77
plot.data.frame, **25**, *98*
plot.lm, **75**, *98*

plot, 25, **25**, 68, **75**, *98*
 density, **49**
 type, 34, 43
 xlab, 34
 ylab, 34
pnorm, *98*
points, *98*
polygon, 40, **40**, *98*
postscript, 32, **33**, *98*
ppoints, **53**, *99*
print.default, **86**, *99*
print.factor, **86**, *99*
print.lm, **75**, *99*
print, 75, 80, **81**, **86**, *99*
prop.test, *99*
pt, *99*
qexp, **53**, *99*
qlnorm, **53**, *99*
qnorm, *99*
qqline, **51**, *99*
qqnorm.default, **51**, *99*
qqnorm, **51**, *99*
qqplot, **53**, *99*
qunif, *99*
q, 9, 11, *99*
rank, **61**, *99*, *111*
rbind, 62, *100*
read.table, 78, **78**, **82**, *100*
remove, 48, *100*
repeat, **60**, *100*
rep, 83, *100*
residuals.lm, **75**, *100*
residuals, **75**, *100*
rm, 11, **11**, **15**, 47, *100*
rnorm, *100*
round, 80, **81**, *100*
row.names, 72, *100*
rt, *21*, *100*
runif, *100*
sample, 62, **63**, *100*
scan, 9, 11, **12**, **17**, **18**, 41, 68, 70, **70**, *100*
search, 72, *101*
seq
 length, 34
seq, 22, 24, **40**, 42, **42**, *100*
 length, 29
sort, **43**, *101*

spin, 80, *101*
sqrt, 38, 41, *101*
summary.lm, **75**, *101*
summary, 16, 24, **75**, 76, 77, *91*, *101*
sum, 19, *101*
t.test, **37**, *101*
table, 85, *101*
text, **40**, 72, 83, *101*
title, 35, **35**, *101*
var.test, *101*
var, 28, 38, *101*
vector, **61**, *102*
while, **60**, *102*
wilcox.test, *102*
win.graph, 16, **17**, *102*
win.printer, 31, **33**, *102*
   alte wiederaufrufen, 27
   Eingabe von, 7
   squareroot, 16
BEV, 77
Bevölkerungsindex, 77
Binomialtest, 87
Bootstrap, 59, 62–64, 67, 69, *112*
   -Chiquadrattest, 59
   -Korrelationskoeffizienten
      Histogramm der, 69
      Standardabweichung der, 69
   -Statistiken
      empirische Verteilung, 66
   -Stichprobe, 59, 62, 65
   -Test auf Normalverteilung, 59
   parametrisch, 62
   S-PLUS-Funktion zum, 65
Bootstrap-Chiquadrattest, *110*
Bootstrap-Test, *110*
Boxplot, 66, **67**
   Breite der Boxen, **67**
   Namen der Gruppen, **67**
   Whiskers, 66
      Länge der, **67**
brushing, 80
Bruttosozialprodukt pro Kopf, 70
BSP, 71, 77, 81

Chiquadratanpassungstest
   P-Wert beim, 58
Commandsfenster, 7

   reaktivieren, 16
Contour-Plot, 3
curve.plot, 77

Data Frame, 71, **73**, **75**
   names, 72
   row.names, 72
   als Matrix übergeben, 80, **81**
   Datentyp der Variablen, **73**
   definieren, **73**
   einlesen, 78, **78**, 82
   einzelne Elemente ansprechen, **73**
   einzelne Zeilen aufrufen, 78
   Spalten- und Zeilennamen, **73**, 78, **78**
   Variablennamen, 82
   Zeilenanzahl bestimmen, 83
   Zeilennamen, 82, **82**
Daten
   abrunden, 80
   anzeigen, 10, 91
   aus Datei entfernen, 84
   editieren, 91
   einlesen, 9, 11, **12**, 70
   einlesen aus Textdatei, **18**
   per e-mail, *112*
   stetige
      in Intervalle aufteilen, **86**
   Trennung
      in Ursprungsdatei, **70**
   Trennung von ... in Ursprungs-
      datei, 70
Defaultwert, 18, **22**, **31**
DESCRIPTION, 18
DETAILS, 21
df, 36
Dichtefunktion, 55
   der N(0,1)-Verteilung, 55
   zeichnen, 24
Dichteplot, 49
Dichteschätzung, 48
   glatte, 48
   nichtparametrische, 48, **49**
   rauhe, 48
DOS-Befehle, 33, *95*
Drucker
   Ausgabe auf..., 31, 36

Editor, 29, **31**

beenden, 30
Elemente
    eines Objekts ansprechen, 42
empirische Dichte, 55
empirische Verteilung, **53**, 69
empirische Verteilungsfunktion, 43, 44, 47, 55, 62
ERN, 71, 77, 81
Ernährungsindex, 70
ERNBSP.DAT, 70, *107*
ERNBSP1.DAT, 77, *107*
EXAMPLES, 21

F-Test, *101*
F=FALSE, 19, 87
factor, 84
Faktor, 85, **86**
    Attribut
        class, **86**
        levels, **86**
    Label, **86**
    Level, **86**
    Namen, 85
    Objekt in ... umwandeln, 84
faktor
    Level, **86**
FAQ, *112*
fehlender Wert, **64**
Fisher
    exakter Test, *95*
FLUGSP.DAT, 46, *107, 108*
for-Schleife, 59, **60**, 65, 70
Formula, **75**, **76**
    Syntax, **76**
Fortsetzungsprompt, 7
Fragen
    häufig gestellte, *112*
Friedman-Test, *95*
Funktion, **11**, 27, 29, **31**
    curve.plot, 77
    Argument, *siehe* Argument
    auf Matrix
        spaltenweise anwenden, 63, **65**
        zeilenweise anwenden, 63, **65**
    aufrufen, **22**, 27, 30
    Ausgabe eines Ergebnisses in einer ..., 28, 60
    benutzerdefinierte, 28

Definition ansehen, 52
Erweiterung von ...snamen, 28
Fehler, **31**
Fehler korrigieren, 30
generische, **25**
    [ ], **42**
    anova, **75**
    as.matrix, **81**
    coef, **75**
    c, **42**
    formula, **75**
    length, **45**
    pairs, **80**
    plot, **25**, **75**
    print, **75**, **86**
    qqnorm, **51**
    residuals, **75**
    summary, **75**
    text, **40**
    Methoden, **25**
    Kurzüberblick der Lösungs...en, 52
mit Editor schreiben, 29, **31**
Namen, 27, 47
S-PLUS-, 18, 28
Funktionen
    Syntax, 29
    vorhandene ... auflisten, 47

GERSTESP.DAT, 17, *108*
Gewichtsfunktion, 49
    cosine, **49**
    gaussian, **49**
    rectangular, **49**
    triangular, **49**
Graphik
    ...en übereinander, 24, 34
    Achsenbeschriftung, 34, 39, 44, 45
    Ausgabe auf Drucker, 31
    interaktive, 80
    ohne Plotsymbole, 83
    statisch, 79
    Text einfügen, 39
    Titel, 35, **35**, 39, 44, 45
    Untertitel, **35**
Graphik Devices, **17**, **33**, 34
Graphik-Device

Kopieren in, **34**
Graphikfenster, 16
    öffnen, 16
    aktivieren, 16
    aktuelles, 17
    schließen, 17
Graphische Parameter, 20, **23**, **25**, **31**,
        51, *102*
    `lty`, *102*
    `main`, **35**, *103*
    `mfcol`, **52**, *103*
    `mfrow`, **52**, *103*
    `new`, 24, 29, 34, *103*
    `par`, 51, *102*
    `pch`, *103*
    `sub`, **35**, *103*
    `type`, 27, **45**, 83, *103*
    `xaxs="d"`, 24, 29, 34
    `xaxs=" "`, 24, 29, 34
    `xaxs`, *103*
    `xlab`, 34, **35**, 68, *103*
    `xlim`, 23, 44, *103*
    `yaxs="d"`, 24, 29, 34
    `yaxs=" "`, 24, 29, 34
    `yaxs`, *103*
    `ylab`, 34, **35**, 68, *103*
    `ylim`, 23
    allgemeine, **25**
    globale, **25**, 31
    High Level, **25**
    High-Level, **35**, **45**
    lokale, **25**

Häufigkeitstabelle, 84, 85
    2-dimensionale, 87
    Gestaltung des Kopfes, 84
    mehrdimensionale, 87
Hardcopy, 32, 33
    in Postscriptdatei, 33
high-level-Graphiken, *102*
Hilfe, 12, **15**, 92
Hilfefunktion
    Aufbau, 18
Histogramm, 16, 22, **23**, 48, 55
    Skaleneinteilung, 22
Hypothese
    einfache, 56, *109*
    zusammengesetzte, 56, **56**, 58, *109*

Hypothesentest, 36, **37**
    `binom.test`, **37**
    `chisq.test`, **37**
    `cor.test`, **37**
    `fisher.test`, **37**
    `friedman.test`, **37**
    `kruskal.test`, **37**
    `mantelhaen.test`, **37**
    `mcnemar.test`, **37**
    `prop.test`, **37**
    `t.test`, **37**
    `var.test`, **37**
    `wilcox.test`, **37**
    Anpassungstest, 55
    auf Unabhängigkeit, 87
    Binomialtest, 87, **88**
    t-Test, 38

Identifizierung, 71, **72**, 82, 84
if ..., else, 53
Image-Plot, 2

Joker, 48

Kategorie, 85
Kendalls τ, *94*
kernel, 49
KNOTENSP.DAT, 46, *108*
Kommentar, 28, *106*
Kontingenztafel, **85**
kopieren
    aus Hilfe, 79
Korrekturen
    per e-mail, *113*
Korrelation, 68, 70
Korrelationskoeffizient
    geschätzter, 68, 69
        Standardfehler des, 67
        Streuung des, 68
Korrelationsmatrix
    geschätzte, **69**, 80
Kritik
    per e-mail, *113*
Kruskal-Wallis-Test, *96*
Kurve
    über Graphik zeichnen, 77

L, 12
Länge eines Vektors bestimmen, 45

löschen, 11
Lösungen, 12, *112*
   per e-mail, *112*
Lösungsfunktionen, *siehe* prak*.fun
   Kurzbeschreibung der, 35
Label, 71, 84, 85
Landwirtschaftsindex, 77
Layoutparameter, 51
   bb, 52
Lebensstandardindex, 77
Legende, 74
Level, 85
linear least squares, 73
linear regression model, 73
Linie
   senkrechte ... ziehen, 39, 40
   waagerechte ... ziehen, 39, **40**
Linien
   zeichnen, 27
Linientyp, 74
Liste, 20, **37**, **42**, 57, 73
   aufrufen, 74
   Namen zuweisen, 57, **59**
Listenelemente
   ansprechen, 57, **58**, 76
   Namen der, 58, **58**, 76
logische Variable, 19
logische Vergleiche, 53, 83, 84, *92*
Lognormalverteilung, 57, *110*
lowess-Methode, 79
LS2, 77
LWS, 77, 81

Mailing-Liste S-News, *112*
Mantel-Haenszel-Test, *97*
mathematische Operatoren, 41
   bei Matrizen, 63
Matrix, 62, **64**
   Addition, **64**
   als ... übergeben, **81**
   Anzahl der Spalten, 63, **64**, 68
   Anzahl der Zeilen, 63, **64**, 69
   Attribut
     Dimension, **64**
     Spalten- und Zeilennamen, **64**
   aus Datei einlesen, 68
   definieren, **64**
   Dimension, **64**
   einlesen, 70
     spaltenweise, 63, **64**
     zeilenweise, 63, **64**, 68
   Elemente ansprechen, 62, **64**
   in Data Frame umwandeln, 71
   mit Vektor verbinden, 64
   Multiplikation, **64**
   Namen zuweisen, 62, **64**
   Spalten ansprechen, 62, **64**, 69
   Spalten- und Zeilennamen, **64**, 68, **68**, 71
   Zeilen ansprechen, 62, **64**
McNemar-Test, *97*
Median, 64, *110*
Methode der (gewichteten)
   kleinsten Quadrate, **75**
METHODS, **75**
Mittelwert, 63
   Standardabweichung des ...s, 65
   Streuung des ...s, 65
ML-Schätzer, 56, *110*, *111*
Modell
   Definition, **76**
   +, **76**
   −, **76**
   /, **76**
   :, **76**
   $\%in\%$, **76**
   *, **76**
   E, **76**
   ∼, **76**
Modell anpassen, 53
MSLamPC, 40, 89
Multiple Plot Layout, 51, 52, 54, 67
multiples Regressionsmodell, 81
multivariater Datensatz
   graphische Darstellung, 79

Nachkommastellen
   Anzahl in Ausgabe, **62**, 80
Namen
   Regeln für, **11**
Namen zuweisen, 10, **12**, 46, **59**, 92
Normalverteilung, 24
   Verteilungsfunktion, 46
   Dichtefunktion, 24
     zeichnen, 24
   Hypothesen über Parameter, 36

Parameter der
    ML-Schätzer der, 59
    Schätzer der, 56
    Simulation von
        Zufallszahlen, 46
Normalverteilungsplot, 50, **51**, 53
    mit eingezeichneter Gerade, 50, **51**
Notepad-Editor, 29, **31**
NOTES, 21

Objekt, 10, **11**
    Erweiterung von Objektnamen, 28
    in Datentyp zwingen, **87**
    löschen, **15**, 47
    Typen von S-PLUS-...en, 86
Objekte
    alle oder teilweise auflisten, **48**
    auflisten, **15**
Objektklasse
    `category`, **86**
    `formula`, **75**
    `htest`, **37**, **56**, **88**
    `lm`, **75**
    `mlm`, **75**
    `ordered`, **86**
    Methoden, **25**
Objektmanager, 91
objektorientiert, 25, 80
Objekttyb
    Bestimmung des, 87, **87**
OPTIONAL ARGUMENTS, 19
Ordnungsstatistik, *111*

P, 35, 52
P-Wert, 36, 38, 40, 56, 58, 60, *111*
    beim χ^2-Test, 57
p.value, 58
Pearson
    Korrelationskoeffizient, *94*
    Unabhängigkeitstest, *94*
Permutation
    zufällige, **63**
Perspektive-Plot, 2
Pfadangaben in S-PLUS, 17, **18**, 68, *106*
Plotsymbol
    durch Text ersetzen, 83

Plotsymbole, **45**, 83
    keine, **45**, 83
polynomiale Regression, 77
Prüfgröße, Name der, 58
probability distribution and
    random numbers, 46
probability distributions, 24
Promptzeichen, 7
Punkt- und Linientypen, **45**
Punkte
    aus Datensatz entfernen, 74
    Koordinaten abfragen, 71
    mit Namen versehen, 72
    mit Text versehen, 72
    mit Zeilennummer versehen, 72
    verbinden
        durch Treppenstufen, 43
        interaktiv, **54**
        linear, 27, **45**

QQ-Plot
    mit envelope, 51
qqplots, 50
Quantil, *111*
Quantil-Quantil Plot, 49, **53**
Quartil, 66, *108*, *111*
Quartilabstand, 66, *111*

random numbers, 46
Rang, 60, **61**, *110*, *111*
Rechteckverteilung, 46
Reference Manuals, **15**
REFERENCES, 21
Regression, 73
Regressionsgerade
    Einfluß einzelner Punkte, 74
    in Scatterplot zeichnen, 40, 74
Regressionsobjekt, **75**
Regressionsobjekte, 40
Regressionsrechnung
    angepaßte Werte, 76
    Befehle
        `anova`, 76, 77
        `lm`, 77, 81
        `ls.print`, 76
        `plot(residuals())`, 77
        `summary`, 76, 77
    Diagnose, 76
    Koeffizienten, 76

lowess, 78
multivariate lineare, **75**
Residuen, 76
relative Häufigkeiten, 55
    erwartete ... ..., 55
REQUIRED ARGUMENTS, 19
Residuenplots, 77
RINDESP.DAT, 46, 54, 57

S-News, *112*
S-PLUS
    beenden, 9
    starten, 7
S-PLUS-Funktionen
    Sammlung von, *112*
Sactterplotmatrix, 78
Scatterplot, 68, 71, 84
    paarweise, 78
Scatterplotglättung, 79, **81**
    robuste, 79
Scatterplotmatrix, 1
Schätzer
    Genauigkeit eines, 64
SEE ALSO, 21
SENATSP.DAT, 82, *108*
Senatswahl (USA), 82
SIDE EFFECTS, 20
Signifikanzniveau, 38, *111*
Simulation, 69
sortieren, 43, 45
Spalten
    Umordnung der, 78
Spearman
    Rangkorrelationskoeffizient, 94
Standardabweichung, 16, 28
StatLib, *112*
Stichprobenumfang
    Bestimmung des, 59
STRUCTURE, **75**
subscript, 68, *106*
Suchliste, 72, **73**, **75**, 78, 82
    aus ... entfernen, **73**
    in ... aufnehmen, **73**
Syntax, 29

t, 38
t-Test, 36
t-Verteilung, 36, 38
    Plot der Dichte u.

Verteilungsfunktion, 39
T=TRUE, 19, 87
table, 84
Teilmengen
    eines Objekts ansprechen, 42
Text
    hinzufügen, 61
    in Graphiken einfügen, 39, **40**
        mit variablem Ort, 53
    statt Plotsymbol, 83
Transformation, 77
    Box-Cox, 53
type, 44

$U(0,1)$, 46
Umlaute, 35, *106*
USAGE, 18

VALUE, 20
value, 58
Variable
    abhängige, 81
    diskrete, 85
    kategoriale, **86**
    Kategorie einer, 85
    mit Namen ansprechen, 71, 78
    qualitative, **86**
    stetige
        in Faktor verwandeln, 85
    unabhängige, 81
    Zusammenhang zwischen ...n, 87
Varianz, 16, 28, 64, *111*
Vektor, 41, **42**, 71
    ...en verbinden, 44, 60
    ...en zu Matrix verbinden, 62
    `mode`
      `character`, **61**, 71
      `logical`, **61**
      `numeric`, **61**, 71
    definieren, 59, **61**, 83
    Elemente oder Teilmengen
        ansprechen, 84
    Elemente oder Teilmengen ansprechen, 42, 85
    Länge bestimmen, 45
    Namen, 47
    Namen zuweisen, **59**
Vergleichsoperatoren, **54**
Verteilungen

χ^2(chisq), **26**
Beta(beta), **26**
Binomial(binom), **26**
Cauchy(cauchy), **26**
Exponential(exp), **26**
F(f), **26**
Gamma(gamma), **26**
Geometrisch(geom), **26**
Hypergeometrisch(hyper), **26**
Logistisch(logis), **26**
Lognormal(lnorm), **26**
Negativ Binomial(nbinom), **26**
Normal(norm), **26**
Poisson(pois), **26**
Präfixe
  d, **26**
  p, **26**
  q, **26**
  r, **26**
Rechteck(unif), **26**
Spannweite von $N(0,1)$(nrange), **26**
t(t), **26**
Weibull(weibull), **26**
Wicoxon-Rangsummen(wilcox), **26**
Verteilungs- und empirische Verteilungsfunktion, **56**
Verteilungs- und empirische Verteilungsfunktion
  graphische Darstellung, 47
  $N(0,1)$, 46
  $U(0,1)$, 46
Verteilungsfunktion, 65
  der $N(0,1)$-Verteilung, 55

WARNING, 21
Wilcoxon
  Rangsummentest, *102*
  Vorzeichen-Rangtest, *102*
Wildcard, 48

Zahlenfolge, 22, 24
Zeilenindex, 69
Ziehen mit Zurücklegen, 62, **63**, 69, 70
Ziehen ohne Zurücklegen, 62
zufällige Permutation, **63**
Zufallszahlen, 26

normalverteilte, 46, 50
U(0,1), 46

S und S-PLUS • Eine Einführung in Programmierung und Anwendung

Von Dr. B. Süselbeck, Münster

1993. XII, 602 S., 66 Abb., 10 Tab., kt. DM 94,-/öS 686,-/sFr 85,50 (ISBN 3-8282-4232-4)

Die zunehmende Verbreitung des Betriebssystems UNIX, unter dem S und S-Plus laufen (S-Plus ist auch unter DOS verfügbar), sowie die breite Einsatzmöglichkeit von S in Wissenschaft, Forschung, Verwaltung und Wirtschaft führen zur wachsenden Bedeutung dieser Programmierumgebung. Das vorliegende Buch behandelt zunächst ausführlich und mit vielen Beispielen S als Programmiersprache. Es folgt eine Darstellung der statistischen und grafischen Verfahren, außerdem werden die zusätzlichen Möglichkeiten der Spracherweiterung S-Plus beschrieben.

Inhaltsübersicht

I Grundlagen

1 Einführung in S-PLUS
1.1 Ein erstes Beispiel
1.2 Konzepte von S-PLUS

2 Benutzung von S-PLUS
2.1 Die S-PLUS-Sitzung
2.1.3 Umlenkung der Ein- und Ausgabe
2.2 Dokumentation, Hilfe und Kommunikation
2.3 Konfiguration des Systems

II S-PLUS als Programmiersprache

3 Daten
3.1 Elementare Datentypen
3.2 Operatoren, Funktionen und Ausdrücke
3.3 Vektoren
3.4 Listen

4 Klassen
4.1 Matrizen
4.2 Felder
4.3 Kategorien und Faktoren
4.4 Zeitreihen
4.5 Attribute
4.6 Datensätze

5 Funktionen
5.1 Kontrollstrukturen
5.2 Definition und Aufruf von Funktionen
5.3 Spezielle Anwendungen

6 Methoden
6.1 Definition von Klassen
6.2 Definition von Methoden
6.3 Methoden für spezielle Anwendungen

7 Ausdrücke
7.1 Zerlegung und Darstellung von Ausdrücken
7.2 Auswertung von Ausdrücken
7.3 Drucken von Ausdrücken
7.4 Fehler in Ausdrücken
7.5 Manipulation von Ausdrücken

8 Schnittstellen
8.1 Ein- und Ausgabe
8.2 Datenorganisation
8.3 Betriebssystem
8.4 Andere Sprachen

Anh. S-PLUS unter DOS

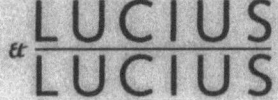 

Lucius & Lucius Verlagsges. mbH
Gerokstr. 51 70184 Stuttgart
Tel. 0711/24 20 60 Fax 0711/24 20 88

Einführung in STATISTICA/w

von Frank Multrus und Dierk Lucyga, Konstanz

1996. IV, 412 S., zahlr. Abb., mit einem engl./dtsch. Glossar der Menüs, Befehle und Auswahloptionen sowie einer Begleitdiskette, kt. DM 96,- / öS 701,- / sFr 87,-.
ISBN 3-8282-0005-2

STATISTICA/w ist ein Programmpaket zur statistischen Datenanalyse, das durch seinen enormen Funktionsumfang ebenso besticht wie durch seine einfache, gelungene Benutzerführung.

Diese Einführung geht darum über die schlichte Auflistung von Programmeigenschaften, von Menüs und Optionen hinaus. Von der Datenerfassung über die Datenmodellierung und -analyse wird der Leser in leicht nachvollziehbaren Schritten zum Ergebnis geführt. Und das darf wörtlich verstanden werden: Durch die Beantwortung verschiedener Fragen (z.B.: Sollen eine, zwei oder mehr Variablen untersucht werden?) gelangt der Leser zu dem für seine Daten optimalen Analyseverfahren. Dieses wird dann anhand von Beispielen vorgestellt, die Ergebnisse werden ausführlich erklärt.

Grafische Datenanalyse

von Matthias Nagel, Oelsnitz/V., Axcl Benner, Heidelberg, Rüdiger Ostermann, Siegen, und Klaus Henschke, Berlin

1996. X, 292 S., 159 Abb., 36 Tab., kt. DM 89,- / öS 650,- / sFr 81,-.
ISBN 3-8282-4350-9

Die Erfassung, Darstellung und Analyse von Daten spielt in allen Wissenschaften eine zentrale Rolle. Analytische Verfahren werden weitgehend durch grafische Hilfsmittel unterstützt, die Ergebnisse lassen sich als Präsentationsgrafiken darstellen. Diese Software selbst unterliegt einer stürmischen Entwicklung: Was gestern modern und aktuell war, gehört heute zur Standardausrüstung in vielen Programmpaketen.

In diesem Buch werden allgemeine Prinzipien statistischer Grafik dargestellt und beschrieben, wie man mit diesen Bausteinen Daten effektiver analysieren und präsentieren kann.

 Lucius & Lucius Verlagsges. mbH
Gerokstr. 51 70184 Stuttgart
Tel. 0711/24 20 60 Fax 0711/24 20 88

Bei Fragen zur Produktsicherheit wenden Sie sich bitte an:
If you have any questions regarding product safety,
please contact:

Walter de Gruyter GmbH
Genthiner Straße 13
10785 Berlin
productsafety@degruyterbrill.com